少年趣味科学丛书

奇妙的岛屿

QI MIAO DE DAO YU

詹以勤 主编
金波 著

广西科学技术出版社

图书在版编目（CIP）数据

奇妙的岛屿/金波著. — 南宁：广西科学技术出版社，2012.6（2020.6 重印）
（少年趣味科学丛书）
ISBN 978-7-80619-781-3

Ⅰ. ①奇… Ⅱ. ①金… Ⅲ. ①岛—世界—少年读物 Ⅳ. ①P931.2-49

中国版本图书馆 CIP 数据核字（2012）第 141884 号

少年趣味科学丛书
奇妙的岛屿
金波 著

责任编辑 赖铭洪　　封面设计 叁壹明道
责任校对 陈业槐　　责任印制 韦文印

出 版 人 卢培钊
出版发行 广西科学技术出版社
（南宁市东葛路 66 号 邮政编码 530023）
印　　刷 永清县晔盛亚胶印有限公司
（永清县工业区大良村西部 邮政编码 065600）
开　　本 700mm×950mm 1/16
印　　张 9
字　　数 116 千字
版　　次 2012 年 6 月第 1 版
印　　次 2020 年 6 月第 4 次印刷
书　　号 ISBN 978-7-80619-781-3
定　　价 18.00 元

代序　致21世纪的主人

钱三强

时代的航船已进入21世纪，这个时期，对我们中华民族的前途命运来说，是个关键的历史时期。现在10岁左右的少年儿童，到那时就是驾驭航船的主人，他们肩负着特殊的历史使命。为此，我们现在的成年人都应多为他们着想，为把他们造就成21世纪的优秀人才多尽一份心，多出一份力。人才成长，除了主观因素外，客观上也需要各种物质的和精神的条件，其中，能否源源不断地为他们提供优质图书，对于少年儿童，在某种意义上说，是一个关键性条件。经验告诉人们，一本好书往往可以造就一个人，而一本坏书则可以毁掉一个人。我几乎天天盼着出版界利用社会主义的出版阵地，为我们21世纪的主人多出好书。广西科学技术出版社在这方面作出了令人欣喜的贡献。他们特邀我国科普创作界的一批著名科普作家，编辑出版了大型系列化自然科学普及读物——《少年科学文库》（以下简称《文库》）。《文库》分“科学知识”、“科技发展史”和“科学文艺”三大类，约计100种。现在科普读物已有不少，而《文库》这批读物特有魅力，主要表现在观点新、题材新、角度新和手法新，内容丰富、覆盖面广、插图精美、形式活泼、语言流畅、通俗易懂，富于科学性、可读性、趣味性。因此，说《文库》是开启科技知识宝库的钥匙，缔造21世纪人才的摇篮，并不夸张。《文库》将成为中国少年朋友增长知识、发展智慧、促进成才的亲密朋友。

亲爱的少年朋友们，当你们走上工作岗位的时候，呈现在你们面前的将是一个繁花似锦、具有高度文明的时代，也是科学技术高度发达的崭新时代。现代科学技术发展速度之快、规模之大、对人类社会的生产和生活产生影响之深，都是过去无法比拟的。我们的少年朋友，要想胜任驾驶时代的航船，就必须从现在起努力学习科学，增长知识，扩大眼界，认识社会和自然发展的客观规律，为建设有中国特色的社会主义而艰苦奋斗。

我真诚地相信，在这方面，《文库》将会为你们提供十分有益的帮助，同时我衷心地希望，你们一定要为当好21世纪的主人，知难而进、锲而不舍，从书本、从实践汲取现代科学知识的营养，使自己的视野更开阔、思想更活跃、思路更敏捷、更加聪明能干，将来成长为杰出的人才，为中华民族的科学技术走在世界的前列，为中国迈入世界科技先进强国之林而奋斗。

亲爱的少年朋友们，祝愿你们奔向21世纪的航程充满闪光的成功之标。

这本书告诉我们什么

在占地球总面积 2/3 的辽阔海洋上，分布着许许多多的海岛。它们大小不一、形状各异，如颗颗璀璨的明珠，镶嵌在波光粼粼的蓝色大海上。人们常用星罗棋布来形容它们数量之多，用宛若翠链来比喻它们景色之美，用千姿百态来称赞它们构造之奇。

尽管如此，人们仍能透过海岛几无雷同的外观，找出它们的共性。究其成因便不难发现，世界上的海岛不外是大陆岛、海洋岛（火山岛、珊瑚岛）和冲积岛三种基本类型。

大陆岛，原是大陆的一部分，后来由于地壳运动，海陆变迁，大海将它们与大陆分隔开来的岛屿，像我国的台湾岛即是大陆岛。火山岛是由于海底火山爆发形成的，珊瑚岛则是海洋中的珊蝴虫的骨骼构筑而成的。至于冲积岛，通常是大江大河入海时携带的大量泥沙淤积形成的岛屿，像我国长江口的崇明岛即是冲积岛。

在地质学家眼里，千千万万的海岛不外乎这样几种类型。

但是，除了地质成因的不同，海岛所处的地理位置、气候条件以及政治、历史、社会经济等等错综复杂的因素，赋予了海岛风情万种的色调，使它们呈现出绚丽多姿的特色。

有的岛面积很大，但因地处高寒、气候恶劣，放眼望去，暴风肆虐、冰封千里。岛上覆盖着终年不化的皑皑白雪，虽说面积大而恢宏，却少有人迹。有的岛小如弹丸，方圆不过十几平方千米，却是一个国家的所在地，人称岛国。别看它小，却精致，有如诗如画的迷人景色、有古老悠久的传统文化，千百年来，它孕育着一个民族、一个国家，确立了它在世界大舞台上的独特地位。有的岛肩负多元文化同时发展的重任，若干个种族在它的怀抱中生存繁衍，有限的岛域，难免发生种族之间的冲撞与磨合。因此，有此起彼伏的战争与厮杀，也有相依相存的互惠与合作。这些岛屿的发展史，构成了人类历史的重要组成部分。

沧海茫茫中的海岛，好似蒙着面纱的女郎，给人一种绰约、美妙的神秘感。为了接近它、了解它，许多人不畏艰险、远涉重洋，甚至不惜用生命作为代价。在探险家们前赴后继的伟业中，人们逐渐认识了一些海岛。原来，有些海岛早在千百年前就是土著民族生活的家园，岛民们过着宁静、原始、远离尘嚣的世外桃源般的生活；有些海岛是动物的故乡，海龟成群登岛、海鸟栖息其间，珍稀动植物在这里繁衍，生生不息；有些海岛蕴藏着丰富的矿产、石油、天然气或茂密的森林；有的海岛周围的海域是宽阔富饶的渔场……

随着笼罩海岛的神秘面纱被逐步揭开，人类在认识海岛的同时，也深刻地改变了海岛的面貌，甚至影响海岛的历史进程。于是，我们看到，有的海岛在西方“文明”的撞击下，从繁荣走向衰落，一蹶不振；有的却奇迹般地崛起，从名不见经传一跃为名扬四海。那些地处海上交通要道的岛屿，随着海上贸易往来，发展成为世界金融中心，富甲一方；有的海岛则成为海上战略要冲，兵家必争之地，战云密布、烽火不绝……

大自然缔造了海岛，可是经过人类的执掌，它们仿佛被涂抹上了“命运”的色彩。

今天，人类重新审视海岛的目光多了许多新的理念。作为地球资源的重要组成部分，海岛属于地球整个生物界。它们与人类结下了不解之缘，也与动植物的生存息息相关。在调节地球生态平衡中，海岛起到了举足轻重的作用。

人们已清醒地认识到，作为自然资源的一种，海岛同样具有不可再生性。因此，如何合理开发、利用海岛，如何爱护、保护海岛等问题，引起了人们高度的重视。由于海岛具有独特的自然风貌和人文景观，它吸引着人们前去游览休憩。因此，旅游业在许多海岛应运而生、日趋兴旺。一部分人喜爱那沙柔浪白、椰影婆娑的海岛，那里气候宜人、美丽绝伦，是工作之余放松休闲的理想之地；一部分人则偏爱那冷寂荒凉、离群索居的海岛，那里深邃莫测、奥秘无穷，是冒险探幽、寻古览胜的神秘所在……海岛会以全方位的角度，满足人们的各种需求。

海岛，无处不闪烁着迷人的光辉。

世界之大，海岛之多令人无法一一描述，本书囿于有限的篇幅，所介绍的海岛仅是众多海岛中的一小部分，好似大海中的几朵浪花、苍穹中的几颗星辰。愿大家能通过它们，了解神秘的海岛世界。

金　波

目　录

岛之最

世界上最大的岛

世界第一大岛叫格陵兰岛，它位于大西洋与北冰洋之间，面积约217.56万平方千米。格陵兰岛大部分处在北极圈内，80%以上的地区终年覆盖着茫茫的冰雪，放眼望去，满目寒光闪闪。重重冰障和座座冰山千姿百态，景色蔚为壮观。在这个白雪皑皑的冰雪世界里，几乎见不到丝毫代表生命的绿色。

可是，它却有一个绿色的名字——格陵兰。英文 Greenland 中有“绿色的土地”的含义，这是怎么回事呢？

原来，最早发现格陵兰岛的人是一名挪威海盗。那是在公元982年左右，他驾着独木舟在茫茫的大洋上漂泊了很久，突然眼前一亮，看到了一片水草地，他此时的心情无法形容。他确信自己发现了一个绿洲。于是回去之后，他逢人就说，在那遥远的天之涯、海之角，有一片“格陵兰”。这样一来，世界第一大岛南部的一小片水草地便成了它的名称。

格陵兰不仅不是“绿色的土地”，而且是实实在在的千里冰封之地。据科学家考察，这里冰层的平均厚度是1500米，最厚的冰层可达3400米以上，覆冰总体积约260万立方千米，覆盖面积172.6万平方

千米，是仅次于南极洲的世界第二大陆冰川。

格陵兰岛有“世界冰库”之称。这里储存着世界上最丰富的冰雪。如果将岛上的冰雪全部融化，整个地球上的海水将会升高 6.5 米。格陵兰岛内陆冰川因冰层压力，不断地向海边流动，崩塌断裂后便形成一座座浮动的冰山，有的冰山高出海面 200～300 米（整体的$\frac{8}{9}$在海水之下），简直是巨大无比。它们对调节地球的气温、降雨，维持生态平衡起到了不可估量的作用。

格陵兰岛的气候极度严寒，年无四季，风雪肆虐。全年气温一般在 0℃以下，中部地区最冷达到了－47℃，而西部和南部沿海属亚极带气候，最冷的时候创造了－70℃的低温纪录。

在这片奇寒的冰雪世界上，生活着勇敢、顽强的“因纽特”人。当欧洲人发现他们的时候，他们在这个宁静洁白的世界中至少生活了两三千年！不可思议的是，格陵兰气候寒冷，冰天雪地，这里不长庄稼、不长蔬菜，也没有取暖生火的煤、木柴等燃料，地球上别的地方人们所拥有的森林、草地、农田，他们都没有。但是，他们世世代代繁衍生息，创造了自己独特的生活方式。他们用鲸骨制成工具，捕捉岩鸟、海鱼和海边栖息的哺乳动物，并将它们活剥生食。在很长一段时间里，他们被称为“爱斯基摩人”（意思是“吃生肉的人”）。

为了生存，因纽特人与奇寒拼搏、与饥饿拼搏、与自身机体拼搏。他们是一个与生理极限拼搏的民族。所以，他们骄傲地称自己是“因纽特”人（“真诚的人”）。

今天，在整个北欧，因纽特人大约有10万之众，他们渐渐告别了原始的生活方式，从雪屋和岩洞里走了出来，食物也逐渐丰富多样，现代化的房屋比比皆是，今非昔比了。

当因纽特人的生活发生变化的时候，格陵兰岛也在悄悄地发生变化。现代文明不单单是打破了原始的宁静，它也带去了令人担忧的隐患。

格陵兰岛虽从属欧洲，但实际上地理区划在北美洲的东北部，处在欧美大陆海陆空的要冲位置，担负着北美前哨的重任。加上它又是横越北极的空中要道，战略地位十分独特，因此人们称它为北冰洋“永不沉没的航空母舰”。

首先引起纷争的是归属问题。挪威、丹麦、德国、美国等许多国家都表现出强烈的兴趣，虽说海牙国际法庭将格陵兰的主权判给了丹麦，但争端并未平息。至今，美国在格陵兰岛还有一系列军事设施，包括空军基地、海军补给站等。

丰富的矿产资源以及海底资源是引起纷争的原因之一。不过，格陵兰岛是格陵兰人民自己的，这是无可争辩的事实。

世界上最小的岛国

人们把太平洋上千姿百态的海岛分成三大部分：东部叫波利尼西亚、中部叫密克罗尼西亚、西部叫美拉尼西亚。

密克罗尼西亚意为“微型岛群”，这部分岛屿面积相对比较小。瑙鲁共和国便是其中的一个袖珍珊瑚岛国。

作为世界上最小的岛国，瑙鲁到底有多小？

一般的地图上很难找到它的具体形状，只能用一个小黑点标示它存在的地理位置。瑙鲁总面积只有 24 平方千米（不足香港的$\frac{1}{3}$）。在所有的岛国中数它最小；在所有的国家中，它仅比欧洲的摩纳哥大一点，也是世界上最小的国家之一。瑙鲁的人口为 8400 人，是除了梵蒂冈之外世界上人口最少的国家。

瑙鲁虽小，但国家机构却十分健全。它是英联邦成员，有自己的政府、国会、国务会议和最高法院。全国没有军队，只设了 60 名警察。

瑙鲁的岛名、国名、首都名都叫瑙鲁，“三合一”的名称颇有特色，也是世界罕见的事儿。

瑙鲁岛的形状略呈椭圆形，沿着海岸是一环银白色的沙滩，那是珊瑚的细末铺成的。在碧蓝的海水怀抱中，显得格外柔美、洁白。岛上仅有的一条环岛公路长约 19 千米，它是岛上重要的交通设施。除此

以外，岛上还有医院、学校、商店、邮局、餐馆和旅馆。不过每种设施为数不多，一个或两个足矣。

瑙鲁虽然应有尽有，可是，如果你来到这里，就会惊讶地发现，这个国家没有报纸、广播，更谈不上电视。岛上的人最热衷的娱乐活动也与众不同，他们喜欢看议会开会。也许这正是岛国政务公开的特别之处，当议员们在议会大厅讨论得十分热烈时，岛民们可以自由地在大厅里进进出出，听也行，坐到讲话人旁边也行，边听边吃东西也行。反正讲的是岛上的事，岛上的事就是国家的事，也是大家的事。

别看瑙鲁小，按人均计算，它是世界上最富的国家。说起来简直令人吃惊，瑙鲁的财富来源是鸟粪。

这是什么原因呢?

原来瑙鲁岛是一座富含磷酸盐的矿山。若干万年前，当它还是刚刚冒出海面的礁石时，大量的海鸟就在上面栖息、繁衍。随着海岛的“成长”，它变成海鸟的家园。天长日久，一层层的鸟粪以及鸟蛋、死鸟的遗骸，越积越厚，堆积如山。那鸟粪之类的东西随着岁月的流逝渐渐发生化学变化，变成了岩石，即是富含磷酸盐的矿物。

磷酸盐矿覆盖了全岛$\frac{5}{6}$的地方，厚达 6～10 米，全部储量在 1 亿吨以上。瑙鲁的磷矿含磷达 37％，是世界上品位最高的磷矿之一。

采矿业，成了岛国的支柱产业，它给岛民带来了极大的财富。这个国家一跃变成了高福利国家，全国实行普遍的免税制度，住房、用电、电话、医疗保障统统免费。

不过，按照现在的采掘速度，估计用不了多久，岛上的矿产资源便会枯竭，失去家园的日子很快逼近。因此，瑙鲁政府决定将磷矿收入的$\frac{1}{3}$提留下来，作为特别基金，到本世纪末，这笔资金可达 30 亿美元，它将用于解决全国人民的后顾之忧，政府还在澳大利亚的墨尔本建造了一幢 53 层的摩天大楼，它仅是特别基金中的一项不动产投资。

瑙鲁人幽默地称它为“鸟粪大厦”。

瑙鲁岛给瑙鲁人带来了巨大的财富，也带来不少烦恼，远忧和近患一直伴随左右。由于瑙鲁地处南纬 0°31′、东经 166°58′，离赤道仅 53 千米，刚好处在赤道无风带上，终年气候炎热。虽说一年 365 日几乎天天下雨，年降雨量在 2000 毫米到 4500 毫米左右，但岛上却严重缺水。人称水比油贵。因为珊瑚岛礁地表渗透性特别好，雨水落在上面很快渗了下去。政府只好进口淡水解决居民饮水问题。居民还普遍接雨水，家家户户门口放一两个大砗磲（chē qú）介壳，用它储水就好比用浴盆储水一样。

瑙鲁真是一个非常有趣的国家。

世界上最大的岛国

世界上最大的岛国要数印度尼西亚。印度尼西亚素有“千岛之国”之称。其实何止千岛。据资料记载，印度尼西亚共有大大小小的岛屿 13000 多个，这些岛屿大多数为无名岛，有些面积很小，小得像汪洋大海中的一把碎宝石，它们一串串地散布在万顷碧波中，成为印度尼西亚群岛不可分割的一部分。

印度尼西亚位于太平洋和印度洋之间，数以万计的大小岛屿分散在赤道附近，总面积达 190 多万平方千米。这里有充足的阳光和辽阔的大海，环境得天独厚，岛国的许多城市都散发出浓郁的南洋热带风情。

岛国的主岛叫爪哇，首都雅加达坐落在爪哇岛西部海岸。雅加达是东南亚最大的城市，城市的街道两旁、楼房住宅周围，到处是繁茂的椰树，海风阵阵，椰影婆娑，景色十分迷人。据说“雅加达”的意思就是“繁荣昌盛”的椰子，无怪乎人们称它为椰城。

与首都同处一岛的万隆市属世界名城。1954 年 4 月，来自亚非 20 个国家的代表参加了在这里召开的万隆会议，周恩来总理代表中国政府和人民在会上发表了重要讲话。“万隆精神”体现了亚非人民谋求和平共处、共同发展的愿望。

万隆古称勃良安，意为“仙之国”，四季凉爽如春、花木繁茂似锦。它是南洋群岛上最佳的避暑胜地，人称“爪哇的巴黎”。

距雅加达 56 千米远的茂物市，是爪哇岛西部的一座山城。由于受起伏的山势和湿热空气的影响，一年 365 日几乎天天雷声隆隆、电光闪闪，因此人们称它为“世界雷都”。年均降雨量达 4600 多毫米。

不绝的雷声和充沛的雨水，滋润着茂物的热带植物，加上充足的阳光，茂物成了绿阴如盖的大植物园。

实际上，茂物也确有一处闻名世界的热带植物园，它坐落在格德山麓，始建于 1817 年，占地 110 公顷，现有各类植物 16000 多种，有些属印尼本土植物，有些则是从世界各地引进的品种。这万余种植物共分 4500 科属，其中不乏珍稀植物。这里得天独厚的环境和众多植物吸引了世界各地的植物学家。他们在这座恢宏的植物世界博物馆里，潜心研究，探索大自然的奥秘。

与爪哇岛一水之隔的巴厘岛被人们誉为“诗之岛”。它有极其美丽的自然风貌和独特的民风民俗。

踏上巴厘岛，映入眼帘的是沙柔山翠、花团锦簇。天空蓝得发亮，地上绿得闪光，人们身着鲜艳夺目的服装，发际别着大朵大朵的鲜花，脖子上套着五彩缤纷的花环，款款走在洁白的珊瑚碎枝铺成的小路上，简直是美得奢侈、美得醉人。

巴厘岛人生性纯朴，就像这座美丽的小岛一样，四处洋溢着浓烈的热带风情。巴厘人在绘画、雕刻及舞蹈上所表现出来的文化底蕴，令全世界的艺术家们刮目相看。

巴厘岛还是独特的印度教的唯一传播地区，岛上家家都有自己的神龛，用来供奉祖先的灵魂。神龛比人还高，可见它在人们心中的位置。

在印尼的努沙登加拉群岛中，有一座小岛非常出名，它叫科摩多岛。岛长 35 千米，宽约 20 千米。岛虽小，却因生活着巨蜥而闻名世界。

科摩多巨蜥是世界上最古老的蜥蜴之一，它在地球上至少生活了 6000 万年，过去人们以为它就是活着的恐龙，也有人说它是恐龙的“亲戚”。科摩多巨蜥最长达 3 米，重 150 千克，凶猛灵活。由于人们的滥捕滥杀，巨蜥的数量已大大减少，现存的巨蜥只有千余条，成了濒临灭绝的珍稀动物。现在，印尼政府已采取了一系列保护措施，保护这珍贵的“活化石”。

印度尼西亚群岛有着丰富的自然资源，岛国人民有着悠久古老的传统文化。它的确是大自然中卓尔不群的宝岛。

世界上最优良的大渔场

位于北美洲东部，北纬 45°、西经 45°的纽芬兰岛是加拿大的一个省。它的形状像个不规则的三角形，恰好挡住圣劳伦斯湾出口，紧紧扼住大西洋的航道要塞，浩渺的北大西洋环绕在岛屿的周围。这里有世界闻名的纽芬兰大浅滩，最深处不超过 150 米。拉布拉多寒流与北大西洋暖流在这里汇合，水温虽低却很适宜，洋流湍急却很辽阔，各种鱼类回游于此，栖息繁殖。尤以鳕鱼、比目鱼、大马哈鱼、龙虾和毛鳞鱼等名贵深海鱼为多。因此，纽芬兰成了世界上最著名的优良大渔场之一。

每年夏末初秋，纽芬兰岛水域的鱼类便迅速繁殖起来，有时鱼类齐集，足以阻碍航道。过去纽芬兰$\frac{9}{10}$的居民直接或间接从事渔业生产，渔产品在出口贸易中占有很大比重。在岛屿内，晒干的鳕鱼曾被

当作货币使用，许多渔民用它直接购买日常用品。

由于纽芬兰岛及其周围海域的海产资源相当丰富，大约从16世纪开始，英法两国就开始了对岛屿所有权的争夺。两国互不相让，争着在岛上建立居民点、修筑工事要塞。在旷日持久的拉锯战中，法国人先后两次占领了首府圣约翰斯。1762年，英国动用陆海军，多方夹击，把法国守备队打垮后，纽芬兰岛成为大英帝国在海外的第一个殖民地。1949年3月1日，岛上居民通过公民投票决定同加拿大合并，成为加拿大联邦的第十个省。

纽芬兰（Newfoundland）的英文原意是"新发现的陆地"。1497年，威尼斯航海家热那亚为英国发现了纽芬兰岛。1534年，法国航海家雅克·卡蒂埃也曾到过这里。不过这些都不能成为占有纽芬兰的理由。很久以前，这里一直是北美印第安人和因纽特人赖以生存的猎渔之地。考古学家们曾在海岛上发现了一个巨大的印第安人坟场。从大量的出土文物考证，他们在这里生活的历史可以追溯到4300多年以前。这是任何殖民者都不愿意正视的历史事实。

坐落在大西洋沿岸的圣约翰斯是一个天然良港，它是北美大陆上历史最悠久的古城。当年英国人为了控制圣约翰斯港的进出船只，在全城制高点号志山上修建了许多炮台。至今，那里还保留着古战场遗留的痕迹。

1901年，意大利电气学家马可尼来到号志山，他选中了号志山作为无线电通讯试验场所，因为这里面对浩瀚的大西洋，无遮无挡，是进行科学试验的理想室外实验室。1901年12月12日，号志山升起一只风筝，它晃晃悠悠地飘浮在空中，这不是一般的风筝，是马可尼的特殊天线。科学家马可尼正在它的下面紧张地守在一台收讯机旁，倾听着那微弱的、从大西洋彼岸的英国传来的摩尔斯电码"S"。当那微弱却清晰的短促讯号终于出现时，马可尼意识到，他正在揭开无线电发展史上新的一页。人类第一次实现了飞越大西洋的无线电通讯实验。

1919 年，英国飞行员阿尔考克和布朗也专程来到这里，他们准备驾驶飞机作横跨大西洋的试验。一天，天气晴好，两位勇士驾机从纽芬兰岛起飞，经过 15 小时 57 分钟，飞到了爱尔兰岛。从而开创了人类历史上第一次横跨大西洋的不着陆飞行。

第二次世界大战时，纽芬兰岛是盟军的重要军事要塞和基地。从圣约翰斯到北爱尔兰的伦敦德里，形成一条海上重要通道，它支撑着英伦三岛的生存，大批的食物和弹药从这条航道上源源不断地运送到英国。驻守在纽芬兰岛上的盟军和水上部队，像北美大陆的一道坚实的军事屏障，时刻监视着纳粹德国的潜水艇和军舰，保护着北美大陆不受侵犯。

今天的纽芬兰岛已经由单一的渔业经济向多层面经济发展，造纸、采矿、石油加工以及石油、天然气开发等主导性工业迅速发展，纽芬兰岛的面貌发生了很大的变化。

世界上最大的珊瑚岛国

位于印度洋上的马尔代夫有许多别致的称呼，如花环之国、宫殿之岛等等。

这都要归功于小如针尖的珊瑚虫，是它们用骨骼和分泌的碳酸钙，建造出这个千姿百态的珊瑚岛国。

马尔代夫由 19 组环礁、2000 多个珊瑚岛组成，岛屿虽多，但大多数小得不能再小。全国陆地总面积只有 298 平方千米。但是，2000 多个珊瑚岛如一捧碎玉，分撒在碧波之上，竟占了 32000 平方千米的水域面积，构成了世界上最大的珊瑚岛国。

世界上的珊瑚礁可分为岸礁、堡礁和环礁。马尔代夫的珊瑚岛均属环礁，它们形如圆环，一般高出水面 1 米左右，在碧波之上，如一串串美丽的花环，随着海浪起伏。

更为奇特的是，这些“花环”一圈一圈变换着不同的颜色，最里层如粉红色的彩带；往外似绿色的锦缎；接着是像白雪一样晶莹洁净的柔沙海滩；最外层则是环拥着“花环”的碧蓝海水。如果从飞机上向下俯视，那扑入眼帘的串串花环简直让人真假难辨，弄不好你还以为看见了仙女散花的奇景呢。

由于珊瑚岛的特殊性，马尔代夫没有什么重要的资源，岛上最多的是珊瑚屑堆成的白色细沙，土壤很缺乏，连庄稼也没法儿种。但是那些生命力极强的热带植物却能根深叶茂，亭亭如盖。如椰子树、榕树、蕉树，它们把一座座小岛打扮得青翠欲滴、分外妖娆。也许这正是赤道岛国得天独厚的优越性。马尔代夫横跨赤道，属热带季风气候，年平均气温在26℃～30℃之间，阳光充足，雨量充沛。缺土的植物照样可以生长得很好。

值得一提的是马尔代夫的旅游业。

马尔代夫的旅游业非常兴旺发达，每年从世界各地到这里来游玩、休憩的游客络绎不绝。这里的气候很适合旅游，因为它长夏无严冬，高温却无酷暑。这里宁静、幽雅、秀丽，不带丝毫繁华和嘈杂，到处是绿树，繁花点缀着雪白的建筑，加上白色的沙滩、白色的细沙小路，给人一种世外桃源的感觉。

首都马累就是这样一座拥有独特风光的小岛，它仅有 1.8 平方千米，却集中了马尔代夫的政府机关和商店、旅馆。建筑物多为两层，有的用珊瑚作墙，洁白美观，别具风格。居民盖房则多取材于椰树，用树干和椰叶搭建而成，既简单又实用，且为小岛增添了不少妩媚。

1982 年，一位学者在马尔代夫南端的一座荒岛上，发现了一处太阳神庙宇的废墟。经考证是公元前的建筑物，由此可见，这里早就有人类活动的踪迹。

马累市中心的苏丹公园旁，有一座国家博物馆，馆内陈列着马尔代夫苏丹王朝时期的文物，如宝座、皇冠、古炮、长矛，以及众多古老的手工艺品，如石雕、石刻、木雕、雕等。它们真实地记录了马尔代夫的悠久历史和文化，记录了马尔代夫人民的聪明才智和民族精神。

如今，马尔代夫的工艺品仍是旅游者和收藏家追逐的目标。取材优良、工艺精细的贝雕、珊瑚手镯、珠母项链、胸饰等工艺品备受人们青睐。其中不乏上乘珍品，如用玛瑙贝制成的贝雕，就属于名贵工艺品，它是马尔代夫独有的出口珍品，在许多国家占有一定的市场。

离马累 18 千米远的畔图里岛是一处有名的旅游胜地，岛上的旅馆建在葱茏的绿树之中，白色珊瑚为墙，绿色椰叶为顶，别有一番情趣。人们在这里可以尽情地享受海洋的恩赐：冲浪、滑水、钓鱼或潜水观鱼。其中尤以潜水观鱼最吸引人。水底世界珊瑚石如琼枝玉叶，错落有致，色泽缤纷，各式各样的热带鱼穿梭其间，如飞鸟似彩蝶。让人分不出是海底还是大花园。

马尔代夫群岛的确是大自然的杰作。

充满神秘色彩的海岛

南太平洋上的神秘岛

也许人们对“神秘”二字的理解各有不同，但是，只要一踏上复活节岛，“神秘”的意义就变得可以触摸、能够呼吸，甚至立体化了。

复活节岛真的如此神秘吗?

是的。这个位于南太平洋万顷波涛之中的小岛远离大陆，它东距智利 3760 千米，西距皮特克岛 1750 千米。站在这个略呈三角形的岛上四面张望，惟有碧波连天、天高海阔。小岛置于浩渺空旷的海天之中，真像一叶孤舟，无奈又无助。

1722 年 4 月 22 日，荷兰航海家雅各布·罗格文带领船队经过这里。他们一靠岸，全都惊呆了。令人吃惊的，既不是犬牙交错的陡峭海岸，也不是衣不遮体的土著居民，而是耸立在海岸边的一尊尊巨石雕像。

这些雕像大小不一，有的高达 10 米，有的只有数米，但都是整块石头雕成，最重的约有 50 吨。这些被当地人称为“莫阿依”的石像有 600 个左右。多数石像的头顶还戴着褐红色的大石帽子。他们的头部与身体的比例不相称，头显得很大，面部表情很奇特。有的安祥，有的沉思，有的怒目圆睁，有的阴鸷逼人，惟独没有可掬笑容或慈眉

善目。

几十吨重的石雕被放置在石垒的平台上，这平台当地人称“阿胡”。“阿胡”宽和高1～3米，长50～60米，很像祭台。也有一些石像散在山坡的荒草中，歪歪斜斜的，好像没来得及做完这件工作就发生了什么事情一样。

放在“阿胡”上的石像一律背临大海。

面对这样荒凉而又神奇的一切，雅各布·罗格文霎时间以为身在梦中。他将荒岛命名为复活节岛，因为这一天正是基督教的复活节。实际上，当地人称它为“吉—比依—奥—吉—赫努阿”，意思是“世界中心”，也称它“拉帕—努依”，意思是“地球的肚脐”。

这一切都是多么令人费解呀！

这以后，许多人都跟着来了，走了；又来了，又走了。人们相互问：这些石像是干什么用的？在极其原始的劳作时代，采掘雕刻巨石、搬运安装雕像都不是简单的事，人们是怎样做的？雕像上的石帽与主体采用不同的材料，如此沉重的大石块怎样放上去的，怎样使它平稳地面对岁月和风雨？

问题一个接一个，答案却统一不了。神秘的复活节岛由此变得更加神秘莫测。有人甚至大胆地将它归功于外星人的杰作。

随着考察的深入，人们发现了记录着秘密的“科哈罗—朗戈—朗戈”。意为“会说话的木板”。木板虽然只剩下 20 多块，但上面刻着的类似象形文字的符号，着实让考古学家们狂喜了一阵。因为这很可能是“芝麻开门”之类的咒语，或者密码。

然而，结果却令人沮丧和不安。岛上的人尽管像命根子一样藏着它们，但没有一个人能认识上面的文字。这又是一团迷雾。

一个曾经拥有过自己文字的民族，怎么就这样了结了呢？人们不禁要问，复活节岛人的祖先是谁？他们从何处来？也许只有回答了这个问题，才能在世界其他地方找到同样的“天书”，也才能弄清现存木板文字的意思。

谁知道顺藤摸瓜的思路同样进入了死胡同。复活节岛人的祖先到底是谁，许多说法都建立在假设和推测的基础之上。

从石雕像的人物造型看，它们窄而直的鼻子和薄薄的嘴唇，与传说中的红头发白皮肤的人，即古代南美秘鲁人相似。很可能远古人类从南美秘鲁借助南太平洋的海流，千辛万苦来到复活节岛，他们随身带来了南美的文化。持这一观点的人还认为，“会说话的木板”上的文字的书写方式，与南美印加帝国之前的书写法相同，即颠倒回转书写法。

仅此就能说复活节岛人的祖先是秘鲁人吗？恐怕是不能的。因为有人认为木板文字符号的外形特别，与古埃及的文字、中国的象形文字、美洲大陆的古文字、古印度文字有相似之处。由此看来，事情的真相趋于复杂化了。

近些年来，人们根据众多学者的研究，逐渐接受了这样的说法：复活节岛的早期居民大约于公元 4 世纪来自美拉尼西亚，他们有着红头发黑皮肤。从公元9世纪，他们开始雕刻石像。到了12世纪前后，岛上有了来自波利尼西亚的人，他们带来了一些植物种子，与早期居民交融在一起，同时发展了复活节岛的文化。到1680年左右，两支不同背景的部落（部族）发生了争端，或许是因为饥饿，或许是雕刻石像付出的劳力代价太大、太沉重，总之，两部落终于发生了战争。交战的结果是波利尼西亚人得胜，美拉尼西亚人失败，他们建造的石像也都被推翻了。

但这里仍然有一个问题，如今的波利尼西亚诸岛，为什么找不到“会说话的木板”呢？

在艰难的研究与考证过程中，人们不禁回想起那段并不久远的历史，一个拥有古文明历史的民族的文化，怎样在一个早晨变成了灰烬：

欧洲人登上复活节岛的时候，距今不过200来年，那时岛上的首领能用自己的符号签字，一位自认为代表上帝与文明的法国传教士埃仁·埃依洛，第一个发现了岛上几乎家家都有“会说话的木板”，于是他想到了这是记录历史的文字。为了让岛民彻底皈依上帝，埃仁·埃依洛认为只有一个办法，就是让岛民们忘记自己的历史。他下令收走所有的木板，然后在某一个早晨，乌云把刚刚升起的太阳遮住的时刻，焚起了大火。就这样，一段历史便如此简单地在大火中消失了。

就像复活节岛的古文化一样，复活节岛的岛民同样遭受到了空前的劫难。18世纪以前，岛上有4000多人，到了1877年，竟只剩下了100多人。这期间，欧洲人践踏小岛，屠杀、贩卖岛民，奴隶贩子穿梭在大洋与海岛之间，然后是饥饿、疾病、瘟疫，还有什么能经得起如此沉重、残酷的折磨？

如今，在复活节岛上侥幸留下来的，除了谜团之外，更多的是给人类的警示吧。

“魔鬼三角”与百慕大群岛

如果从飞机上俯视北大西洋中的百慕大群岛，它们好似一颗颗绿宝石，镶嵌在蓝缎子般的洋面上，随着起伏的波浪，在阳光下闪动着迷人的光泽。

百慕大群岛由120多个珊瑚岛组成。其中7个大岛有桥梁和堤道相通，被称为群岛的大陆。群岛的总面积约为53.3平方千米，居民不多，大约只有20个岛上有人居住。1684年群岛沦为英国殖民地，1968年实行内部自治。至今，岛上仍有英国和美国的海、空军基地和其他军事设施。由于特殊的地理位置和适宜的气候条件，岛上遍布绿树，到处绿阴如盖，花香四溢。百慕大雪松、棕榈、夹竹桃以及高大的合欢树、木槿花、百慕大百合花，构成了一幅幅美丽的风景画。世界各地的人都喜欢到这里来享受迷人的自然风光。旅游业一直是该群岛的主要产业。

如此美丽、富饶的群岛，为什么与“魔鬼三角”联系在一起呢？

所谓“魔鬼三角”，指的是位于百慕大群岛以南的一片三角形海域。它以美国佛罗里达半岛南端、加勒比海的波多黎各岛和百慕大群岛为三个顶点，刚好构成一个基本等边的三角形，每边边长约2000千米。这样一个硕大的三角形海域，就是人们所说的“魔鬼三角”、“神秘的百慕大”。

有一段时间，只要提到百慕大群岛，人们大有谈虎色变之感。其中的原因是因为这个海域出了太多的怪事。

据说著名的航海家哥伦布曾经过这里。好端端的天气，突然变了脸，一连七八天，哥伦布和他的水手们被风暴搅得晕头转向，找不着北。后来，他用文字记下了这段死里逃生的经历。

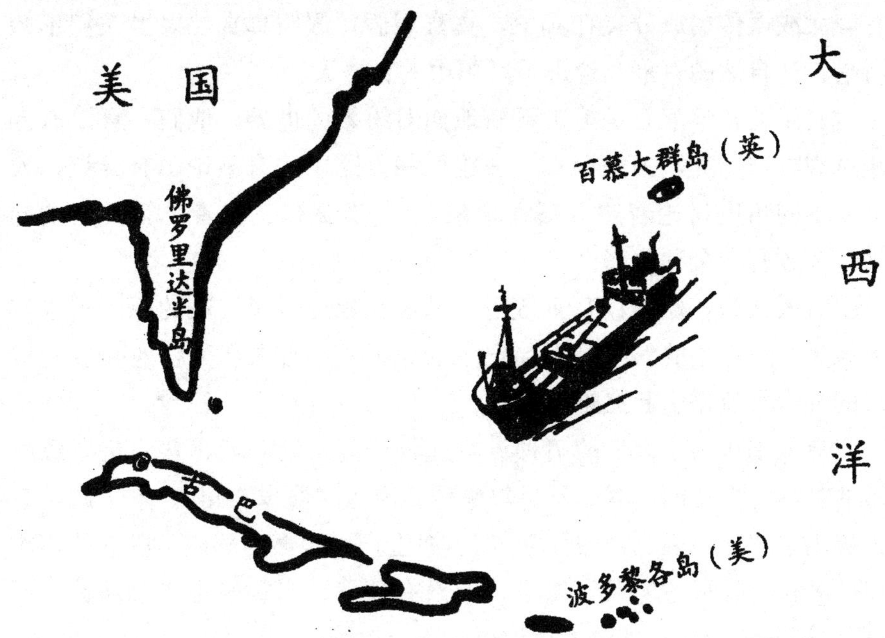

也许有人会说，天有不测之风云，哥伦布远涉重洋，碰到几次意外的海上风暴，当属正常，何必大惊小怪？

问题在于这一海域常常出现意外的灾难，就属不正常了。有记录的海难、空难、不明真象的失踪屡屡发生，这就引起了人们的警觉，到底是什么原因呢？许多人来到百慕大海区考察，都想找到答案，谁知，竟引发了一场世界级的科研活动。

人们发现，根本无从查明出事的原因，找不到出事之后的蛛丝马迹。有的飞机在这一海域的上空坠毁了，找不到它的残骸；有的船只失踪了，找不到一块残缺的木片；有的船失踪几天后，又回来了，但船上的人说不清发生了什么事；有的船只突然间所有的仪表都不动了，修理的人员找不出任何故障，后来，它自己又好端端地恢复了正常；还有的船员正吃着饭，突然所有的刀叉都变了形，像是被一双有力又无形的大手拧了一下……

事故的原因查不出来，事故的花样倒是越传越神。到后来，不乏有夸大或误传的成分夹在其中，真真假假，假假真真，搞得人们不知所措，从自然的百慕大走进了思想中的百慕大。

真正的科学家总是勇于不断地面对纷繁的世界，他们一直没有停止过观察与研究，去伪存真、去粗取精。这中间有争论、有异议，人们从不同角度讨论着“百慕大现象”，仁者见仁、智者见智。归纳起来，大致有十余种解释。

有人认为，地震、海啸与侧向风很可能是引起灾难的原因；也有人认为，海洋中的涡流是引起灾难的原因；还有人认为，地壳裂缝冒出的强烈气流是引起灾难的原因。

有人则认为，以上的诸种见解适合任何一处海域，它们是导致海难的基本、常见的原因，不足以解释百慕大“魔鬼三角”。鉴于此，有人提出了“次声说”、“磁异常说”。海上产生次声的理论是成立的，次声的杀伤力也通过实验证明了，但没有证据证明它就是罪魁祸首。同样，“磁异常说”在理论上也说得过去，关键在于证据不足。

几年前，加拿大著名的科学家唐纳德·戴维森提出了“百慕大理论”。他投入了相当大的精力致力于这项工作的研究。他认为天然气是导致事故频发的原因。几百万年来，沉积在百慕大三角区的海底淤泥层中有大量的动、植物腐殖质，经过岁月的沉积，它们形成了大面积的气、油田。当气候发生变化时，它们能释放出大量的天然气，经一系列的理化作用后急剧膨胀，在海面形成大面积翻滚的水泡并汇集成水雾迅速上升。这时，船只会因浮力改变而下沉；飞机则因空气中缺氧而导致引擎熄火，机尾排出的废气与腾升的天然气相碰，自然会发生爆炸，在极浓的天然气中发生爆炸后只能片甲不留。

目前，这一理论在实验室里得到了证实，有人认为，它很可能会揭开笼罩着“魔鬼三角”的神秘面纱。也许，这一天为期不远了。

“祸区”与罗卡尔岛

在汪洋大海中有许多岛屿，有的很大，哪怕是袖珍地图，也能占去一大块地方；有的却很小，小得只能用经纬度来标明位置。罗卡尔岛就是既小又孤单的海岛。

罗卡尔岛位于北大西洋，北纬 57°35′，西经 13°48′。岛岩高 21 米，长约 30 米，宽约 24 米，面积约 743 平方米。在汪洋大海中，这样的小岛真是毫不起眼，而且要多少就有多少，数也数不清。那么，罗卡尔岛究竟有什么特别之处呢？

的确，把罗卡尔岛称作岛，多少有点牵强。如果能靠它近一点，就能清楚地看到，它只不过是一块高耸的礁石，四壁陡峭、颜色黑褐灰白相间，上面沉积着厚厚的鸟粪。但是人们很难靠近它，只是知道它是由一整块巨大的岩礁构成的。于是称它“Rockall”，意思是“全岛——一整块岩石”。那些航海者、渔民则叫它“岩礁”、“犬牙石”、“石烙铁”等等。他们觉得它不那么好看，像犬牙那么突兀，像烙铁那么黝黑。

小岛被海水包围着，离苏格兰以西的圣基尔达群岛 190 海里，离法罗群岛 360 海里，离冰岛最南端 440 海里，显得十分孤单。

1811 年，英国海军大尉勃·霍尔第一次发现了它，决定登岛考察。他们放小艇接近小岛，考察者们找到了登岛的陡级，刚登上岛，意外的事情发生了，海上突然升起了浓密的雾幕，什么都看不见了，随即狂风大作，波飞浪涌。停泊的军舰一下子被冲出了老远，舰上的人看不见岛，岛上的人更看不见舰。上岛的考察者们只好缩在背风处暗中祈祷，不知道还要发生什么事情。直到第二天，战战兢兢的考察者才回到军舰上。罗卡尔岛的第一次考察差点儿送掉了几条命。

现在看来，霍尔大尉真有一些孤胆英雄的气概。后来在罗卡尔岛周围发生了许多凶险的事情，人们不由地想起霍尔大尉的遭遇。

几百年来，罗卡尔岛一带一直是险象环生，它在海难的记录中占了一定的篇幅，因而被人们认为是北大西洋的祸区，有“魔鬼海”之称。

最早的记载是1686年。一艘船在罗卡尔岛附近沉没了，当时有几名水手死里逃生，才记下了这一次失事的时间。1824年，英国双桅船“海伦”号从冰岛驶向加拿大，途经罗卡尔岛时，莫名其妙地触礁。当时有14个人死掉，另有13人爬上了救生艇，侥幸生还。

如今，那撞沉“海伦”号的暗礁就叫做海伦暗礁。

人们开始注意到这一海区出事出得蹊跷。到底是什么原因呢?

1831年，英国海军派舰艇来测绘罗卡尔岛的位置；1921年，法国人也把眼光盯住了小岛，他们派遣了考察船接近它；1948年，英国人再次来测绘。这几次都因为风大浪急无法登岛而失败。

尽管如此，大家总算是大致搞清了惹祸的根苗在什么地方。

罗卡尔岛虽小，但它的四周有惊人的深度。在离它仅2海里的海底，竟深达2000米！这还不算，距岛东北偏北方向2海里处，藏着海伦暗礁；距它250米东北方向上，藏着赫斯伍德洛夫暗礁。这两个大暗礁，涨潮时没入水中，退潮时稍露出水面一点点。再加上许多小的暗礁，罗卡尔岛简直就是藏着暗器的蒙面大侠，不知底细的船往往还没有靠近它，就被“暗器”袭击、掀翻了。

由于这一带有丰富的鱼群，渔民们抗拒不了诱惑，冒险闯入捕鱼，结果常常发生触礁翻船事故。罗卡尔岛四壁陡峭，无法攀援，溺水的人在求生时竟无法找到一点可以支撑的石头，所以一旦船沉，船上的人生还的机会极小。

1904年，一艘“新世界”客轮驶向罗卡尔海区。这艘船是从丹麦驶往美国纽约的，它横越大西洋的航线根本不靠近罗卡尔岛。由于此时罗卡尔岛已经有点“名气”了，在许多地区许多人都神化了它的威力。满载700名旅客的“新世界”轮船中，就有不少知道罗卡尔岛的人。好奇心历来是人们与生俱来的伙伴。于是，不知道是哪一个好奇心极强的人找到了船长，怂恿他、说服他。冈杰尔船长终于被说服了，他命令将船开往罗卡尔岛，让人们饱饱眼福。就在人们隐隐约约地看到那尊狰狞的岩石时，突然，天空乌云翻滚，海上巨浪排空。霎时间，罗卡尔岛不见了，船上的人还未来得及作出反应，便觉得船被什么“咬”了一下，发出了撕扯的“咔、咔”声……最后，发生了不该发生的船毁人亡事件，650多人丧生。这时，罗卡尔岛才露出黑灰色的阴影。

……

很长一段时间里，人们都没有从惨痛中振作起来，他们害怕提起罗卡尔岛，免得无事生非、招来不测。

第二次世界大战时，英国海军想在罗卡尔岛建一个炮弹演习场。但是飞过去的炮弹打在坚硬的岩石上，又被弹了回来。演习场的想法成了泡影。

人们从未见过有这样不愿意与人类为伍的海岛，它仿佛是有生命力的，强烈地守着自己的尊严与独立。

1955年的秋天，英国政府用直升飞机在罗卡尔岛上升起了英国国旗，并宣布对该岛拥有主权。议会将它划归苏格兰郡。

1977年，英国进一步宣布在罗卡尔岛周围200海里渔业区的拥有权。这一下子，许多国家突然像醒了一样，恍然明白失去了什么。

罗卡尔岛变得不那么恐怖了，竟让好几个国家争来争去，闹得乱哄哄不可开交。

富蕴珍宝的海岛

宝石之岛斯里兰卡

斯里兰卡位于印度半岛最南端的印度洋上。它的形状活像一粒闪闪发光的宝石坠子，沉甸甸地挂在印度半岛的下方。如果把印度半岛比作一位黑皮肤健康的热情少女，那么斯里兰卡就是她胸前一颗璀璨夺目的钻石。它忽闪忽闪着迷人的光芒，变幻着不尽的妩媚和神韵。

事实上，斯里兰卡就是一个遍布宝石的岛国，曾被称为“宝石之国”。现在，它还是世界上著名的五大宝石生产国之一。斯里兰卡宝石以数量之丰、质量之优为世人称赞。其名贵品种有如梦如幻的紫翠玉、熠熠传神的猫儿眼、灿若星辰的星光蓝、艳美热烈的石榴红，还有黄玉石、尖晶石、柠檬石、红蓝宝石、月亮宝石等共 17 类 84 个品种。

如此丰富的宝石资源几乎遍布岛国的每一方土地。据说，到目前为止，除了北部贾夫纳半岛尚未发现宝石之外，岛国的其他地方，平原、山区、河谷、丘陵，到处富蕴着宝石，其中尤以拉特纳普拉最为著名。

拉特纳普拉是宝石之岛的宝石城，它距离首都科伦坡东南 90 多千米，属于萨巴拉加木瓦省，是一个群山环抱、秀色迷人的山麓盆地。这块面积并不大的地区，埋藏着极其丰富的宝石资源。据说，从这里

发掘出的宝石不下 40 种，其中不乏世界珍品。例如珍藏在纽约历史博物馆的“印度之星”蓝宝石，珍藏在科伦坡博物馆的“兰卡之星”红宝石，以及珍藏在伦敦博物馆的一块紫翠玉，都产自拉特纳普拉。宝石城因此名声大震。

拉特纳普拉的宝石开发已经有 2000 多年的历史了，如今，到处都可以看到历史上和现代采掘的痕迹。采掘井散在稻田、树林甚至房前屋后。近些年来，从这里挖掘的宝石，年创汇达数万美元之多，有人夸张地说，随便在院子里挖个坑，没准儿就能见到晶莹剔透的宝石。虽是戏说，倒也生动、形象。

其实斯里兰卡对挖掘宝石有严格的规定。除了正常的耕种，任何人不得随便挖地掘坑，采掘宝石需经有关部门批准。若不经过许可采掘，就被视为非法行为，要受到处罚的。

斯里兰卡岛为什么有这样丰富的宝石矿藏呢？地质学家说，斯里兰卡国土的90%是由前寒武纪的岩石构成的，这种岩石形成过程很复杂。

斯里兰卡岛曾是一块在海底沉寂了亿万年的陆地。那时，它是海洋生物、放射虫类动物栖息的温床。它们一层层地随时光长眠、越积越厚，夹杂着腐蚀植物和泥土。后来，火山喷发，滚烫的熔岩将沉积物盖得严严实实，高温高压，使之发生复杂的理化反应，又是一段漫长的岁月，它们结合了，形成了矿物质。如此周而复始，反复循环。再后来，地壳运动，海岩上升，形成陆地。接着是一段风化、侵蚀、崩裂、破碎的过程。斗转星移，这些矿物质遇暴雨冲刷、入湍急水流、随泥沙俱下，渐渐形成宝石矿层。这时，如有金属渗入矿石，就会发生颜色的改变。

斯里兰卡岛地处印度洋东西航道的“十字路口”，自古以来就是商贾云集之地。阿拉伯、欧洲的商船经常往返于此，他们将美丽的宝石带到了海岛之外的世界。一传十，十传百，斯里兰卡宝石的华丽、高贵以及超凡脱俗的灵气，令人们为之倾倒，受到了宫廷贵族、豪门闺秀、仕人淑女的青睐。那些大而罕见的宝石更是价值连城，成了显赫地位和高贵身份的象征。如镶嵌在英国女王皇冠上的紫翠玉，就是产于宝石城附近的稻田里的宝石。它重105克拉，别号“亚洲美人”，因天生丽质、光芒四射而为世人珍视。

现在，许多国家都进口斯里兰卡宝石，它将进一步装点人们的生活。

黄金之岛所罗门国

位于南太平洋的所罗门群岛，像一把璀璨的黄金粒，闪闪发光地镶在绵延1400千米的蓝色波涛上。所罗门群岛由大小900余个岛屿组成，一串接着一串，散布在大约60万平方千米的海洋上，纵贯南纬5°～12°20′，横跨东经155°～170°20′（布干维尔岛除外）。

所罗门群岛名称的由来，与传说中的所罗门王有关系，其出处在《圣经》中可以找到。旧约中说，有个叫大卫的国王，生了个儿子，取名所罗门。所罗门聪慧过人，继承王位后深得人心，加上上帝赐予他非凡的才能，精于安邦治国之道，名扬四海。四方列国均前来进贡求见，进贡的物品多是金银珠宝、珍奇饰品。所罗门王因此富甲天下，他的宫殿均由金箔包裹，墙面立柱、坐椅祭坛无不金光灿灿，极为豪华。每隔3年，所罗门王都要由庞大的船队护航，远航四方。每次回来，大船小舱，总是装满着金银财宝。

人们猜想，那神秘莫测的大海中，一定有一处藏宝岛，它是所罗门王的黄金宝库。

公元16世纪，西班牙航海家门德纳从秘鲁出发，航行到了南太平洋中的群岛之中，当他踏上群岛中的圣伊贝尔岛时，眼前一亮。只见土著居民身上都佩戴着黄灿灿的黄金饰物，他不敢相信自己的眼睛，他深信已经找到了《圣经》中的金银岛。遂为之取名所罗门群岛。

所罗门群岛虽然不是传说中的金银岛，但的确有丰富的金矿矿

产。在殖民主义者的眼里，没有什么比它更具吸引力了。从1767年开始，所罗门群岛不再是金光灿灿，取而代之的，是殖民主义者贪婪的野心和驱之不散的战争阴云。

所罗门群岛在百年的沧桑中不断地被分割、被转让，英国、德国殖民主义者在这块土地上贩卖人口、瓜分地盘，将所罗门人推进了苦难的深渊。第二次世界大战时，日本侵略者又将战火引到这里，到处是炮火连天的战场，到处是焦土和废墟，到处是血流成河、尸横荒野的凄凉景象。

所罗门群岛的人民不甘心被奴役、受屈辱，他们进行了长达半个多世纪的斗争，终于把殖民主义者赶了出去。1978年7月所罗门群岛正式宣告独立。世世代代在这里生活的所罗门人，终于得到了本来就属于自己的家园。在他们的眼里，这里的每一寸土地都比黄金要珍贵，因为每一寸土地里都浸润着祖先们的汗水和血泪。

3000多年前，所罗门人就生活在这里。由于所罗门群岛的大部分岛屿都是火山岛，经过风化侵蚀，山体破碎，形成了许多肥沃的丘陵。加上湿润温暖的气候，群岛上遍及森林草莽，90%以上的面积都覆盖着郁郁葱葱的浓绿。良田沃土特别适合耕种，椰子、菠萝、香蕉及各种香料作物生长良好，是所罗门人主要的农业资源。

所罗门群岛风光绮丽，首都霍尼亚拉别具妩媚多姿的南太平洋海岛风情，雪白细柔的沙滩、亭亭如盖的棕榈树、被珊瑚礁环抱的蓝色海湾，以及美拉尼西亚风格的小屋，构成了一幅宁静、优美的热带风情画。

群岛中的居民渐渐混杂，其中最多的还是美拉尼西亚人，约占总人口的80%，其他有波利尼西亚人、印度人、马来人、欧洲人和华人。由于岛屿多，又分散，居民们使用的语言也很复杂，大概有70种语言在群岛上使用。共同的语言是类似洋泾浜的英语——皮金语。

与大洋洲中的许多岛国一样，所罗门人也爱赤足。不管是政府官员、还是牧师、修女，饭店服务员，统统是赤足走天下。南太平洋岛国风情由此可见一斑。

珍珠宝岛孔塔多拉

1513 年，正是西方探险家、航海家纷纷扬帆远航的年月，他们的船队越过大西洋，穿过印度洋，跨过太平洋，发现了一个又一个海岛，登上了一个又一个岛屿。1513 年 9 月的一天，西班牙人巴尔博亚从大西洋登上了巴拿马的土地，穿越地峡之后，迎面扑过来的竟是太平洋的波浪，西班牙人又惊又喜。

然而更大的惊喜还在后面。船队很快发现了散布在巴拿马湾中的一群小岛，这群小岛由北向南有十几个，岛上罕有人迹，却有令人眼明心亮的珍珠。据说当时为形容珍珠之多，他们用了“数也数不清”的比喻。于是，位于太平洋巴拿马湾中的这一群小岛，便被命名为“珍珠群岛”。

航海家们航海的目的不是简单的冒险，他们自然不会错过这天赐的好运气。他们欣喜地把各个岛上的珍珠都收集到一起，集中放在离

陆地最近的一个小岛上，在那里登记、过数，然后装船运走。一次又一次，一趟又一趟。时间一长，这个小岛便被大家称为“孔塔多拉”，西班牙语即是“算计”、“数”的意思。

孔塔多拉，从此因珍珠而出名。

人们说，巴拿马最美的地方是珍珠群岛，而珍珠群岛中最美的岛屿，要数孔塔多拉。

孔塔多拉距巴拿马城大约 50 千米，是珍珠群岛中最小的一个小岛，面积只有 4.3 平方千米。从地理位置看，它的确是久居都市的人休闲度假的好地方。从自然环境看，它同样有着得天独厚的环境优势。

有人说，孔塔多拉对于久处喧嚣的城里人，简直就是世外桃源。这里空气清新、环境幽雅、无噪音、无污染，惟有醉人的蓝天、碧水、白沙、绿阴。太平洋的波涛到了这里也变成了轻波细浪，似乎担心涛声涌动会惊破小岛的酣梦。

岛上到处都是参天的大树，榕树、椰树、棕榈树，低矮的灌木摩肩接踵，形成一道道天然的绿色屏障，将美丽的小岛镶上了一层层朦胧的绿色。绿色的后面才是清澈见底的环礁湖泊，是峰回路转的断崖峭壁，是曲径通幽的林中小屋。

整个小岛简直就是一件精致的工艺品，经过大自然的巧手雕制，一切都显得天然、细腻、纤秀。

如今，孔塔多拉成了理想的旅游胜地。白天，人们在碧蓝的海水中戏水、垂钓、放舟；夜晚，踏着柔软的沙滩散步、私语、闲谈。那近乎原始的宁静，充斥着每一个人的心扉，浸润着小岛的角角落落。人们不由自主地陶醉了，许多巨富出资在岛上盖起了别墅，把孔塔多拉当成了放松、休闲的最佳地方。

如今，孔塔多拉不再是“算计”珍珠的地方，但是依然有大海，有沙滩，有蚌类，珍珠也还是有的，只不过没有那么多罢了。满地珍珠的奇景变成了传说，土著人用珍珠镶嵌船桨的奢侈故事也只能从书中读到。人们今天到孔塔多拉，不会双眼紧盯着沙滩不放。真正的珍珠满目都是，奇景异境无处不闪烁着迷人的光芒。今天的孔塔多拉以它独特的魅力，再现珍珠宝岛的多姿多彩。

辽阔海洋上的藏宝岛

在辽阔的海洋上，曾经有过那么一段惊心动魄的岁月，海盗频繁出没在波峰浪谷之中或乌云翻滚的黑夜。许多商船、财宝船胆战心惊地航行在烟波浩渺的大海中，往往逃不脱海盗船的袭击和洗劫。17 世纪前后，是谈海盗而色变的年月，被海盗劫夺金银财宝，导致船毁人亡的事件屡屡发生，数不胜数。

众所周知，海盗多出没于无人区，当他们把金银财宝劫夺之后，都藏在哪儿呢？

关于这个问题，有着各种各样的传说，每一种传说都充满了传奇的、刺激的色彩，比较集中的答案是海岛，越是环境恶劣的荒岛，越是海盗们藏宝的理想之地。

位于太平洋的可可岛就是其中之一。可可岛在厄瓜多尔加拉帕戈

斯群岛东北，东邻巴拿马西海岸。它面积很小，长不过7.2千米，宽3.2千米左右，岛上丛林密布，蜘蛛、毒蛇、蜥蜴遍地都是。它是一个典型的热带荒岛，环境十分恶劣。

尽管可可岛如此令人生畏，可是近150多年的时间里，仍有不少于500支探宝队登岛，冒着生命危险挺进峭壁巉岩、深渊洞穴。目的只有一个：寻宝。

据说在可可岛有三大宗藏宝案：其一是著名海盗贝尼托·博尼托埋藏的。这个绰号为“血剑”的海盗，在巴拿马近海用炮火击沉三艘战船，当即将载有珍宝（价值约2000万英镑）的西班牙大帆船抢走，并运往可可岛埋入悬崖中的深井里。之后又陆续藏入更丰厚的宝物。当魔王“血剑”被抓获处以绞刑时，据说他将藏宝图转移给了心腹。其二是1821年，美国人汤姆普森的一宗藏宝案。当时汤姆普森是一艘海船的船长，他在秘普卡亚俄港揽活儿的时候，碰到了西班牙人的一大批货物。谁知这不是普通的货物，而是大量的奇珍异宝，整整有10吨之多。汤姆普森见财眼开，随即引出了一场血案，宝物被劫至可可岛，汤姆普森及其同伙死的死伤的伤，侥幸生还的只有主犯汤姆普森。若干年后，隐姓埋名的汤姆普森与他的藏宝图神秘地出现了，在苟延残喘之际，他又把藏宝图送给了其知交，从而引起了空前的轰动。其三是僧人藏宝，说的是古代秘鲁遭到弗朗西斯科·比萨罗疯狂掠夺时，寺院的僧人担心历代珍藏惨遭洗劫，悄悄地将它们转移到可可岛。

时至今日，可可岛仍是许多人锲而不舍的发财目标。有的人在岛上掘地20年之久，屡败屡战，坚持不懈。

发生在印度洋上的藏宝案同样扑朔迷离。

18世纪初，印度洋和东非马达加斯加海域，是海盗最猖獗的地方。当时，最出名的海盗叫拉比斯，他心狠手辣，专门劫持豪华商船和载宝船。从1716年起，拉比斯在海上横行14年之久，共劫夺黄金5000千克、白银60万千克，以及不计其数的钻石、稀世珍宝。他把这些宝物分散藏匿于从塞舌尔群岛到马达加斯加海角的印度洋海区，然后将知内情的人一个个打发到阴间。

1729 年，拉比斯终于被擒，经法国特别刑事法庭审判，判处了死刑。谁知在 1730 年 7 月 7 日对其实施处决时，他竟扔下了一封密码信，并说："我的财富属于读得懂它的人。"于是，历史上又演出了一场藏宝悬案。

密码写在羊皮纸上，如今珍藏在法国国家图书馆里。但它的复制品已流传到四面八方。许多人致力于破译一排排密码，终未有人成功。

据推测，有 7 座岛屿是拉比斯的藏宝库：塞舌尔岛、毛里求斯岛、波旁岛、马埃岛、圣玛丽岛、罗德里格斯岛和弗里卡特岛。

200 多年来，有人在这些地方找到了宝藏，但是不是拉比斯所藏，这就不得而知了。不管是不是，探索密码和宝藏的活动经久不衰。现在，一些旅行社开辟了到塞舌尔的旅游热线，参加者不仅能到"世外桃源"般的人间仙境去饱览风光，还能得到旅行社提供的一份神秘的"联络图"，不用多说，它就是所谓的藏宝图，不过是复印件。也许在观赏美不胜收的原始岛屿风景的同时，还能有一份意外的收获——起码有人会这么想。

趣味横生的海岛

从最西到最东的岛国

翻开世界地图，顺着 180°（东、西）经线向下看，越过赤道往下一点，180°经线旁出现了一条曲折线，顺着它，再向下，又回到了 180°经线上。这条线叫国际日期变更线（日界线）。

仔细些还能看到，位于波利尼西亚群岛中的汤加王国，本来在 180°经线东侧（西经 173°～177°），距 180°经线约二三百千米。可是日界线一拐弯，它变成了紧挨日界线西侧，从最西变成最东，于是，汤加人自豪地向世界说：汤加是世界上最先升起太阳的国家。

乍一看，这也碍不着别人的事儿，汤加人应该高兴和自豪。可是，有些国家不高兴了，本来好端端的，是他们紧挨着180°经线西侧，结果日界线一曲折，让汤加的地位发生了根本上的变化，所以他们忿忿不平。

汤加人才不管别人高不高兴呢，反正所有的世界地图上都是这么明确划分的，他们已经紧挨着日界线西侧了。

日界线为什么要这样折一折呢？原来，日界线基本上是按照180°经线定的，但是考虑到有些国家的地理位置特殊，完全按180°经线，这些国家在同一天会出现两个日期，为了避免这种情况，就将国际日期变更线人为地曲折了。这样一来，汤加便占了地利的便宜，从最西变成了最东，成为世界上每天第一个迎来日出的国家。

如果放下地图，亲身去体验汤加的风土人情，你会看到很多趣事。

汤加是一个群岛国家，在万岛世界中，它只是一小串而已。若问一小串是多少，却不容易找到准确的答案。汤加有150～200个岛屿，多数是无人岛，约有45个岛有人居住。陆地总面积约697平方千米。

汤加的岛屿为火山岛和珊瑚岛的混合体，奇观异景非常多：有千奇百怪的海岸孔洞，当海水扑来时，形成非常壮观的洞瀑；有幽深神秘的火山岩洞，在丁冬作响的滴水声中，石笋、石柱变换着怪异的形态；有高深莫测的洞穴，数以千计的蝙蝠栖息于此，它们长着1米多宽的双翼，为世界稀有物种。

岛中岛是汤加的著名景观。在北端的纽阿福欧岛有一火山湖，湖中有岛，岛上有湖，一环套一环。湖中还有因沸泉而形成的飞瀑，迷迷濛濛，十分美丽，为世界罕见的景观。

在太平洋诸岛国中，汤加是唯一的王国，国王的权力很大，集军政大权于一身。汤加王宫是汤加最大最漂亮的建筑，建在首都努库阿洛法，位于汤加塔布岛北部。王宫建于1867年，是一幢三层高的古老建筑物。算起来，汤加已是一个有着千年历史的国家，它的文化在南太平洋诸岛中有一定的影响。

1773年，英国航海家库克船长在汤加受到过热情接待，当地人笑脸相迎、以礼相待，令库克船长十分感动，因为他在探险中饱受恶运，惟有汤加给他留下了宾至如归的感觉。因此，库克告诉世人，太平洋上有一个友爱群岛。至今，有些地图上还用友爱群岛这个称呼。

的确，这里民风纯朴，人们善良热情。

几乎无人不知汤加人以胖为美的审美观。体态丰满、高大伟岸是荣耀、地位、漂亮的标志。与世界其他地方不同的是，瘦削的人很着急，待嫁的姑娘若腰身不壮硕，会悄悄地用布缠上一圈又一圈，以掩饰不足。这对于地处赤道附近的人来说，无疑是对美的考验。好在胖人比较多，男性人均体重82千克，女性人均体重73千克。

汤加人爱整洁，在公共场所尤为注重衣着仪表，几乎看不到袒胸露背的人，因为民俗和法律都是这么要求的，人们养成了良好的习惯。

南太平洋上的十字路口——斐济

斐济是南太平洋万岛世界中的群岛国家。在太平洋诸岛国中，它属于那种既古老又年轻的国家。一方面，它拥有悠久的历史和文化，博物馆里保存着2000余年前的历史文物，它们记载着远古斐济人在这里生活的足迹；另一方面，它于1970年10月才结束长达96年的殖民统治，从英联邦中独立出来，是一个由斐济人当家作主的新国家。

斐济共有岛屿320多个，为太平洋地区岛屿最多的国家之一。岛屿虽然多，但大部分无人居住，有人居住的岛只有百余个。全国第一大岛叫维提岛，全国有近70%的人住在维提岛上，首都苏瓦位于维提岛的南端。

苏瓦位于南纬18°8′，东经178°26′，紧挨着180°经线，也就是本

初子午线。假如国际日期变更线一直顺着180°经线走的话，美丽的港口城市苏瓦便是世界上每天第一个迎接太阳的城市。很遗憾，日界线从北向南越过赤道后便稍微曲折了一下，汤加王国倒变成第一个迎接太阳的国家。这件事很让一些人为之婉惜。好在斐济的岛屿大多散得比较开，虽然与日界线失之交臂，但与180°经线还是很有缘的。在斐济的第二大岛瓦努瓦岛的东南角，有一个椭圆形的小岛叫塔维乌尼岛，岛上椰林婆娑，景色十分迷人。可是让塔维乌尼岛出名的不是美丽的热带风光，而是因为180°经线从岛的正中穿过，一岛兼跨两半球，这是多么巧的事。幸运的塔维乌尼岛由此而闻名于世。

斐济的地理位置很特殊。它是北美——夏威夷——澳大利亚，南美——东南亚——新西兰的海空航线交会点，所以被誉为“南太平洋上的十字路口”，具有重要的国际交通和战略意义。斐济还拥有优良的天然海港，每年可以接待数千艘来自世界各地的远洋轮，这些远洋轮或停靠补给，或进行贸易往来，促进了斐济的经济发展。

过去，斐济是著名的“太平洋甜岛”，种甘蔗和制糖业是全国单一的经济产业。现在不同了，特殊的地理位置带来了旅游业的发展，世界各国旅游者都喜欢到斐济来观光、旅游和购物，除了美丽的热带风光吸引人之外，斐济的商品物美价廉也是吸引人来旅游的原因之一，各国的大商社都有分公司设在苏瓦，免税商店很多，游人们愿意在斐济购买本国出口的商品，大概是由于免税的原因，有些商品肯定比在本国买还便宜。

毫无疑问，旅游促进了斐济经济的发展。斐济的繁荣体现在国家建设的许多方面。现在，岛与岛之间交通非常发达，岛内的公路设施现代化程度很高。对外港口和国际机场颇具规模，通往世界各地的航线四通八达。人称“南太平洋上的纽约”的苏瓦，更是悄悄地向现代化城市靠近，城市交通管理实现了自动化，所有的商场都有了空调设备，超市、免税店商品琳琅满目。与纽约不同的是，高大的椰子树、槟榔树、芒果树浓绿成荫，它们与如茵的草地、鲜艳的花儿融合在一起，构成了富有热带特色的风景。

斐济的文化具有多元性，缘此，人们给了它许多颇具特点的别称。除“南太洋上的纽约”外，它还有一个别称非常有意思，那就是“无癌之国”。对于这个别称，一定有很多人感兴趣。

据说，到目前为止，斐济真的没有发现癌症患者。这是为什么呢？

由于环境污染、食物结构变化等原因，癌症已成为严重威胁人类生命与健康的疾病。面对癌症，人们往往束手无策。全世界都在关注这个严峻的问题，“斐济现象”自然令人振奋。

有人说，斐济人喜食杏干，据说杏干有抗癌作用。是不是可以推而广之呢？这个问题只好留给医学家们了。但愿斐济人能为世界医学带来福音。

南太平洋上使用特殊货币的海岛

人类社会发展到今天，货币成了人们生活中不可缺少的东西。有时，货币变成了金钱的代名词。这时，就如同一盘变了味道的食品，它本来的简单与纯朴仿佛不见了。

有时真怀念货币的单纯，那时它仅仅是物质交换过程中的一种介体。可惜这种单纯已久远，与刀耕火种一样，成了教科书中发黄的一页。

不过，在南太平洋的一些岛屿中，至今还有人使用特殊的货币，他们似乎远离今天的金钱世界，独自享受着远离尘嚣的静谧。人们看见他们认真地过着自己的日子时，好像找到了人类的童年。

密克罗尼西亚的雅浦岛人，至今还在使用石头货币。

雅浦岛属密克罗尼西亚联邦。岛面积约 200 平方千米，人口 9000 左右。岛上共有石币 7000 多枚。

雅浦岛人的茅屋草房前，都有一些像磨盘样的石头，大小不等，扁圆形，中间凿有洞孔。大的直径有数米，小的直径也有几十厘米，这就是石币。

石币不用藏着掖着，也不用存储。岛上共有多少石币大家都知道，放在门口很方便，也不用担心“硕鼠”，岛上的民风还没有进化到偷人

家石币的程度。

岛民在进行交换时，往往不随身携带石币，看好了需要的物品，如树种、粮食，双方估计一下值多大的石币。不太大的，找根棍子穿过石洞孔，抬起来送到对方的茅屋前，取回所需的东西即可；太大的，两个人抬不动，那就把对方带到自己的草房前，说："喽，就是它，现在归你了。"下一次大石币再易其主时，同样采取这样的办法。

也许有人会想，石头遍地都是，多弄几块不就可以换很多东西吗？其实这种想法与制造"假钞"相似。这个问题雅浦岛人是不是想过，不得而知。不过要制作雅浦岛上的石币并不是很容易的事。

制造石币的石材不产在雅浦岛，只有距离雅浦岛 460 多千米的贝劳群岛有这种大理石。采掘大理石需乘小木筏劈波斩浪去贝劳。采回大理石石材后，要进行打磨加工，直到圆面光洁。下面还有一道工序非常有趣，岛民们捉来一些叫鹑螺的海洋生物，让它们在石面上爬来爬去。说来也怪，鹑螺爬过的地方会留下一道道黏液，不久，这块石币的表面就布满了纵横交错的美丽花纹。原来鹑螺口腔内的黏液含一种酸，能腐蚀大理石。聪明的岛人用它来装饰石币，既美观又具特点，怎么都不会弄错的。

除了石币，南太平洋有些小岛的岛民还使用狗牙、猪牙、贝壳、羽毛、钮扣等货币。

如岛国瓦努阿图，就有用猪牙、狗牙作货币的集市。一颗狗牙大概能换百余只椰子。新郎若要顺利地娶回新娘，必须预备好多狗牙作为聘礼。猪牙也同样备受欢迎，畸形的猪獠牙比一般的猪牙换的东西多，颇似大面额的钞票。

瓦努阿图的国旗、国徽上有一图案，上面画着一枚圆圆的猪牙和两片"纳米丽"树叶，据说是象征着繁荣、昌盛的意思。

所罗门群岛中有一个劳拉齐岛，它位于马莱塔岛海湾泻湖中，面积很小，只住了几十户人家。岛上既无肥田沃土，又无淡水美食，可

是几十户岛民就是不愿意走出岛外。他们的生存主要依靠手工磨制贝壳，用它们换取岛外的淡水和生活必需品。

制作贝币的工艺很复杂，有时是一家人围在一起完成整套工序。制贝币的工具很原始，石刀、石钻、石锤、石磨，加工出来的贝壳币晶莹剔透、古拙纯朴。岛民们将它们串成一串一串，变成了深受人们喜爱的原始项链。现在，这些贝壳币渐渐演变成了手工工艺品，走向外面的世界之后，直接与金钱等值交换了。

点与线上的两个岛国

地图册或地球仪上有很多纵横交错的线条，它们呈规则地排列，将地球划分成一个又一个区域。区域与区域之间虽有明确的界线，但又是不可分割的整体。如赤道把地球分成了南半球和北半球；0°经线和 180°经线（本初子午线）将地球分成了东半球和西半球。另外还有南北纬线、东西经线、南北回归线、日界线等等，它们都分别承载着地球区域的特别意义，在人类与自然之间，搭起了一座座从无形到有形的桥梁。

在地图的点与线之间，我们认识了许多岛屿。有些岛屿很小，散在浩瀚的大海中很不起眼，显得微不足道。用“沧海一粟”来形容，也不算太夸张。但是如果借助于神奇的点与线，我们会发现那些岛屿往往很有特点，它们所处的地理位置，已经构成了大千世界中绚丽多彩的风景线。

蔚蓝色的太平洋上有一个群岛国家叫基里巴斯。它既是世界上唯一地跨赤道线和日界线的国家，又是世界上唯一挑起东西南北四个半球的国家。

如此多的“世界唯一”，给基里巴斯增添了许多趣味。它仿佛真的担负起了地球大家庭的重任，“肩挑手提”地把许多重要的区域线揽在自己的怀里。

基里巴斯到底有多大的疆域？它如何能“肩负”如此“重任”？

其实，基里巴斯的面积只有 684 平方千米，面积不大，却是 300 多个岛屿的面积之总和。

基里巴斯的岛屿多是袖珍小岛，主要分为四大部分：吉尔伯特群岛、巴纳巴岛、菲利克斯群岛、莱恩群岛。东起西经 150°，西到东经 169°32′，东西跨越约 4400 千米；北起北纬 5°，南抵南纬 11°20′，南北绵延约 1800 千米。这样辽阔的海域，构成了肩负重任的有利条件。

首都塔拉瓦位于塔拉瓦岛。因此塔拉瓦岛又叫首都岛。实际上它是由邦里基岛和另外 10 个小岛组成的一个环礁总称，环礁的形状有点类似三角形，里面有一面泻湖。11 个小岛的陆地总面积只有 20 平方千米。基里巴斯的岛屿之袖珍由此可见一斑。

基里巴斯是颇具热带风情的国家，据说岛上的人，不分男女都是上身赤膊，下身围条裙子，女人的裙子围得高一些，遮住胸部。人人赤足，只有参加重大的庆典才穿凉鞋或拖鞋。总统、政府官员的穿着同样比较朴实，在外事活动中也只是穿衬衫、短裤，足趿拖鞋或凉鞋。

由此可见基里巴斯不仅地理位置独特，民风民俗也不一般。

位于大洋洲中的西萨摩亚同样有着不同凡响的特点。

西萨摩亚地处南纬 13°～15°和西经 171°～173°之间，在波利尼西亚群岛的中部，由萨摩亚群岛之西的萨瓦伊岛、乌波卢岛以及附近的 7 个小岛组成。陆地总面积为 2947 平方千米。首都阿皮亚位于乌波卢岛北海岸中部。

从地图上的日界线可以看到，西萨摩亚刚好处在日界线东侧的拐弯处，它成为地球上最晚迎接新年的国家。这一特点让人联想许多，如果把地球各国比作一个个辛勤劳作的人，那么显然西萨摩亚最辛苦，它每天都在别人的后面追赶太阳，一年到头，天天如此，就连新年夜也不例外。

当然，日界线上的趣事并不影响岛上人们的生活起居，相反的是西萨摩亚的人们过的是田园般的生活，热带的阳光，大洋的气候，给了西萨摩亚太多的厚爱，这里土地肥沃、雨量充沛，岛上一年四季鲜花、鲜果不断，人们的房前屋后都被鲜花绿树包围着，到处是如盖的浓荫、葱绿的椰林。

岛上的人喜欢穿色彩鲜艳的裙子，无论男女都一样，政府官员也穿裙子，不过是素色而已。男女都爱戴大红的木槿花，鬓角发际常常闪动着夺目的大红，别有一番情趣。

多姿多彩的奇岛景观

世界上最特殊的公园——大堡礁

世界上有这样一个公园，它由近600个岛屿组成，绵延2400多千米。想想看，在地球空间日益变小的今天，拥有如此广阔海域的公园，简直像神话故事。

这是真的。它就是位于澳大利亚东海岸的大堡礁海洋公园。确切地说，它从澳大利亚东北的约克角沿着东海岸一直延伸至布里斯班的东北，与澳大利亚大陆隔着一条宽窄不等的水道，最宽处约350千米，最窄处约19千米。水道内暗礁丛生，如一道道隐秘的屏障，保护着澳洲大陆东岸。

大堡礁是澳大利亚最负盛名的旅游胜地。联邦政府和昆士兰州政府共同成立了“大堡礁海洋公园管理局”。也许这座公园太特殊了，不仅范围大，还包括海上部分和海下部分，每年不知道吸引多少游客。有许多人都是飞越蓝天，远涉重洋的北半球的客人。

看到大堡礁，才知道它竟是小小珊瑚虫的“杰作”。珊瑚虫素有海洋“建筑师”的称号，虽然它们细小如针尖、微乎其微，但是它们有前赴后继的决心，向着光明、空气，一代一代地伸展自己。它们的骨骼终于堆成了山、变成了岛、长满了树。

大堡礁就是由一座座美丽的珊瑚岛组成的，岛上莽莽森林、藤蔓缠绕，丛林的边缘，是闪着银光的柔白沙滩，最外侧，裸露的礁岩抵挡着波涛的撞击，掀起丈许高的白色浪花。景色瑰丽无比，令人叹为观止。美国航海家詹姆斯·米切纳在他的书中赞道，这里是“人世绝域”。

的确，像大堡礁这样美丽、恢宏的珊瑚礁群，实在是绝无仅有。据钻探测得，它的灰岩厚度在 200 米以上，科学家们推测，大堡礁至少已有 3000 万年的历史了。

现在，澳大利亚政府在大堡礁的一些岛屿上修建了旅馆和公寓，以便人们更好地观赏大堡礁的全景。

在著名的绿岛，有栈桥通往水下观察所。它能自由升降，人们通过它可以观赏到珊瑚岛海底景观。透过观察窗，海底的珊瑚色彩缤纷，如玉树琼枝，随波飘动，仿佛到了海底龙宫一样。许多色彩艳丽的鱼儿游来游去，好像是彩蝶飞舞在珊瑚树的枝枝桠桠中。在这里，不但能看到各种形状、各种色彩的珊瑚，还能看到丰富多彩的海洋生物，如海鳗、赤虹、海龟、海螺以及鲨鱼等。

当夜色降临，海风徐徐吹过宁静笼罩着的海岛时，海面上有时会出现一片片神奇的火光。当小船拨开金波，那桨上的水滴也会溅起一串串闪着银光的珠链，简直是奇妙极了。这是大堡礁附近海面上出现的发光现象，它是由海水中一种能发光的浮游生物造成的，它们繁殖极快，又成片成片地聚积，给美丽的大堡礁增添了无尽的魅力。

夏天的大堡礁还是观鸟的最好季节。有时鸟群在一些岛屿的上空形成了黑压压的一片，叫声不绝于耳。原来这是燕鸥回故乡了。在较冷的季节里，燕鸥都飞到太平洋一些岛上去了，到了夏天，它们又返回大堡礁，因为这里的一些岛屿是它们的故乡，在这里，它们寻找配偶，繁衍后代。适宜的气候，丰富的食物，给它们提供了生存的绝佳环境。有个面积仅 3 平方千米的小岛，竟有一两百万只燕鸥在上面筑巢垒窝。真是个名副其实的“鸟岛”。

大堡礁作为巨大的海洋生物博物馆，受到了保护，它不仅是澳大利亚人的财富，也是全人类的财富。

蓝色的卡普里岛

人们总是用绿色来形容海岛，如绿宝石、翡翠，或干脆叫绿岛。可是到过卡普里岛的人都会说，卡普里岛是蓝色的。也许是因为卡普里岛有一个著名的蓝洞，也许是地中海的特别厚爱，这里的天空和海洋似乎比别的地方要蓝得多。

去卡普里岛旅游，有谁不是被纯洁醉人的蓝色吸引呢？

卡普里岛是意大利西海岸中的一个小岛，它静静地卧在那不勒斯海湾的怀抱中，像一个正在做梦的婴儿。蔚蓝色的海水包裹着它，细

碎的浪花像母亲的催眠曲，轻柔地伴它入眠。

卡普里岛很小，只有 10.4 平方千米，岛上的居民也不多，常住人口不到 8000 人。但是，就是这样一个袖珍小岛，却吸引着来自世界各地的游客前来观光，每年都有 100 万之众。

岛上有许多造型奇特、风格各异的别墅，它们都是达官显贵、明星大腕们的休闲处所，尽管主人们并不常住，但它们却以其精致、典雅而成为小岛的一道风景线。

的确，卡普里岛是美的，它的迷人风光好似一幅天然的山水画卷，走近它、靠近它方知小岛的绝伦芳容。

卡普里岛是险峻的，岛上群峰起伏、绝壁凌空、山势雄奇。最高峰叫素拉罗峰，高 598 米。假如闭上眼睛设想一下，在本来面积就有限的弹丸之岛上，突然拔起这样一座山峰，会不会让你感到意外和逼仄呢？当 598 米高的山体迎面朝你扑来时，你不惊出一身冷汗来才怪。

由于山势险峻，沿着山崖修筑的登山路免不了陡峭险要，有些地方只好依靠钢梁悬架，以拓宽路面。走到此处俯视山下，但见海面蓝光闪闪、白帆点点，你会恍然有了腾云驾雾、飘飘欲仙之感。

山巅上，古罗马风格的城堡仍然不失昔日的壁垒森严，它盘踞在全岛的最高点，站在这里，辽阔的大海、远方的孤帆尽收眼底，一览无余。现在，城垣的巨石上已爬满青藤，斑驳的苔痕将其往日的辉煌层层覆盖，由此可见小岛历经了多少沧桑岁月。

卡普里岛最迷人的地方还要数久负盛名的蓝洞。蓝洞是一个天然洞穴，地处岛屿北岸的峭壁下。洞口几乎与海面平行，高度距水面一米左右，也不宽，小木艇只能收桨小心翼翼地钻进去。从洞口看，它算不上奇特。

木艇划进洞后，眼前一片漆黑，只听得见木桨的击水声、船与船的擦碰声以及听不懂的世界各地的人语声。

过了一会儿，眼前渐渐地朦胧起来，恍若进入了一个梦幻的世界。好像是混沌初开的世界之初，四周充斥着淡蓝色的雾霭。仔细睁大眼睛，才发现这奇妙的蓝色弥散着整个洞窟，从洞顶到四壁，从水面到空间，甚至人的轮廓、船的周边，全都反射出宝石般的蓝光，美得令人心醉。

这如诗如画的幻景从何而来呢？原来，这美妙绝伦的蓝色光辉是洞外天空和海洋的蔚蓝色光被洞内海水折射所形成的。当船桨拨动水面，水波不停地晃动，那四射的蓝光便随着变换色调，越发显示出蓝洞的神秘和美丽。

除了著名的蓝洞，卡普里岛还有许多希奇古怪的洞穴，如香槟酒洞、红洞、绿洞、珊瑚洞等等。

卡普里岛不仅吸引着今天的人们，它还曾经吸引过许多古代的人，岛上遗留的古迹就是最好的证明。

加勒比海的明珠——西印度群岛

西印度群岛位于加勒比海东北部，由巴哈马群岛、大安的列斯群岛和小安的列斯群岛以及数不清的暗礁、环礁组成。它面对浩瀚无际的大西洋、背靠宽阔的加勒比海，像一串串闪烁的明珠，点缀着无垠的大海。

西印度群岛地处赤道与北回归线之间，全境为热带海洋性气候，终年平均气温在25℃～26℃，年平均降水量多在2000毫米以上，其中少数岛屿降水量高达7000毫米。

丰富的降水和适宜的气候，令西印度群岛阳光充足、土地肥沃。多种多样的热带植物长得郁郁葱葱、花木繁茂、果实累累，岛屿风光美丽绝伦。

在大西洋与加勒比海温暖的怀抱中，西印度群岛中众多岛屿，以

各自独特的风姿，构成了一道道瑰丽多彩的风景线。

古巴岛是西印度群岛中最大的岛屿。它的面积为 11 万多平方千米，古巴共和国就是由古巴岛及其周围近千个小岛构成的。

古巴岛很美。它似乎集中了大西洋和加勒比海的所有灵秀。到处棕榈亭亭、山青水碧，陡崖飞瀑、遍地绿茵。长达 5700 千米的海岸线曲曲折折，形成了无数美丽的海湾、沙滩、岩岸。天然良港比比皆是。

当年哥伦布踏上古巴岛，就被它那原始的美丽征服了，他由衷地说，这是世界上最美的岛。后来西班牙殖民者来了，他们同样被它的妩媚征服。苦于找不到更好的赞美之词，于是将它比作国王和王后的花园。其实更多的人称它为“安的列斯的明珠”、“百港之港”等。

古巴是一个拥有独特历史文化的国家。位于哈瓦那湾西侧半岛上的哈瓦那老城，历经时代风雨，至今保存完好。走在石砌砖铺的窄窄街道上，犹如翻开了一本厚厚的历史书，如烟往事历历在目。老城集中了各种风格的建筑物，其中 88 座被列为珍贵的历史文物。城中的兵器广场记录了古巴人民与西方殖民者斗争的历史，广场中央高耸着塞斯佩德斯的雕像，他曾领导古巴人民同西班牙殖民者进行顽强斗争，是古巴人民心目中的英雄。

现在，哈瓦那老城已被列为世界人类文化遗产。前来参观、旅游的人络绎不绝。

巴哈马群岛位于西印度群岛最北端，全长约 1200 千米，最宽的地方有 600 多千米，由约 30 个大岛、700 多个低平石灰岩小岛和 2000 多个珊瑚礁、岩礁组成。总面积约 1.39 万平方千米。

1492 年，哥伦布就是从巴哈马群岛中的圣萨尔瓦多岛登陆，第一次踏上美洲的陆地。迎面扑过来的是带着芬芳的空气，映入眼帘的是五彩缤纷、争奇斗研的花朵，林间如彩球飞旋的蜂鸟。放眼望去，到处都是繁茂的热带树木，棕榈树枝影婆娑，木棉树奇形怪状，木麻黄竟能发出声响，凤凰木和木槿树花正开得灿烂。哥伦布感到眼花缭乱，他称赞巴哈马群岛是“人间的伊甸园”。今天，人们称它是“四季花开的六月岛”。

巴哈马群岛是火烈鸟之乡。火烈鸟被称为国鸟。火烈鸟的图案被装饰在国徽上。

牙买加位于加勒比海西北部，它的东面刚好被安的列斯群岛挡住，使它越发显得小巧玲珑。

在印第安阿拉瓦克族的语言中，“牙买加”即泉水之岛的意思。顾名思义，牙买加一定与水有着不解之缘。

的确是这样。由于牙买加地处热带雨林，常年高温多雨，加上石灰岩地貌发育良好，地下水丰富，山间谷地、崖壁石洞，到处可见泉水淙淙。

在高山和幽谷之间，无数清泉汇流成河。这些大河小河在岛上共有几百条之多，它们似蛟龙如银蛇，穿行在山谷之中，奔腾喧嚣、气势磅礴，直奔大海。蔚为壮观的河流是牙买加的独特景观。

在一些原始森林里，还能看到当地土著居民的生活风貌，男人们驾独木舟捕鱼，女人们用“花边树”的树皮编织饰物，极富原始风情。

牙买加的首都金斯敦面海而立，三面环山。位于其东北部的蓝山有“加勒比城市的皇后”之称，由此可见其秀美、典雅。这是一个充满魅力的岛国。

海上“仙”岛——塔西堤

塔西堤岛位于南太平洋“万岛世界”中，地处南纬 17°40′、西经 149°30′。它是一座火山岛，形状像一“8”字形。在南太平洋社会群岛中它的面积最大，大约为 1042 平方千米。法属波利尼西亚首府就设在该岛西北沿海的帕皮提。帕皮提既是该岛的行政中心，又是重要的旅游中心。

塔西堤岛是一座充满南太平洋风情的美丽岛屿。1767年，英国航海家瓦利斯首先发现这个岛时，立刻被它的美丽迷住了：四处遍布怒放的鲜花，枝头挂满累累的果实；森林挡不住高耸的山峰，溪流跳过岩缝淙淙地奔淌；一碧如洗的大海紧紧拥抱着岛屿四周，海水中鱼肥虾跃。瓦利斯大为惊叹，称它为“海上仙岛”。后来，法国航海家甘维尔也来到这里，他同样被塔西堤岛的美景折服，称它为“新西堤尔岛”，意思是“爱神维纳斯诞生之地”，并深深地爱上了这里与世隔绝的天堂般生活。

像两位航海家一样，许多人都爱塔西堤岛独特的自然风貌，有人称它“世外桃源”，有人称它“世界乐园”，还有人称它“太平洋上的明珠”等等。

塔西堤岛的确不负盛名，特殊的地理环境和地貌结构，赋予了它许多“绝对”优势。由于地处东南信风带，岛上为热带雨林气候，年降雨量为1700～2500毫米不等，雨量充足。南部潮湿，北部较为干燥。岛上树木蔓藤一片葱绿，可可树、椰树、面包树、木瓜树随海风摇曳，散发出勃勃的生机。岛上四季如春，到处是奇花异草，姹紫嫣红，争奇斗妍，展现出绮丽的热带风光。

塔西堤岛多山多水，土地肥沃。岛中央是一片山地，奥罗黑纳山高达2241米，许多河流从这里发源，最初形成飞瀑从峭壁直落碧潭，然后劈开山岩，穿越峡谷，蜿蜒曲折，从四面八方分流入海，进入浩翰无边的南太平洋。

1842年，美丽的塔西堤岛成为法国保护国，原先的王国制度被废黜。1880年成为法国的殖民地，现属法属波利尼西亚向风群岛区。

从20世纪初开始，欧洲人相继移居岛上，与当地土著人融合成一个整体，共同开发、共同生活。其中还有不少华人，他们带去中国先进的农业技术，与当地人一道开垦荒地，发展经济，今天的塔西堤岛

有许多华人开的商店、餐馆、旅馆甚至学校，这里已形成了一种多元的文化。

尽管如此，波利尼西亚人的传统文化还是占着主导地位，岛民们喜欢用他们民族的传统方式来迎接外来的客人。在节日或庆典仪式中，他们将白檀香油涂在褐色的皮肤上，让古铜色的肌肤显得铿亮强壮。妇女们更是盛装打扮，或头戴各式高帽，或发别鲜艳花朵，腰上缠着花布，身披串串红珠，一个个花团锦簇，随着鼓声跳舞。

塔西堤岛的土著后代性格豪迈，热情奔放，随着鼓声跳舞是他们最擅长的艺术形式，鼓点声声如海涛，舞姿翩翩似波浪。草裙舞、土风舞，在悠扬的民间乐曲中，跳舞的人如醉如痴，观摩的人如梦如幻。

人们被这里的民族风情陶醉了，特别是那些被都市紧张、喧哗挤压的人，到这里来以后，感到无比的放松，产生出恍然不知魏晋的隔世之感。

于是，许多偏爱僻静的人，纷纷寻找塔西堤的乡村僻壤。那里仍保留着纯朴的古老风情。密匝匝的树林，椰影婆娑，芒果飘香。拨开如茵芳草、灼灼红花，只见矮屋三两间，竹为墙叶做顶，从上到下透出原始的韵味。疏而不密的竹墙内，时而香气四溢，那是主人在用土法烤制肉食，奇香扑鼻，竟让人难分到底是肉香，还是炙烤植物的枝叶香。总之非大啖一顿而后快。

首府帕皮提已没有这样的草屋椰影了，它有整齐的街道、高大的棕榈树，洁白雅致的大厦和美丽的海滨浴场。繁花似锦，浓荫如盖。塔西堤岛的确是人间少有的绝妙佳境。

从名人到名岛

不孤的孤岛

自古以来，孤单的海岛常被用作囚犯的放逐地，特别是那些远离大陆的大洋孤岛，举目四望，上是无边无涯的天穹，下是无穷无尽的恶浪，小岛如折断风帆的小船，被波峰浪谷拍击挤揉，似乎随时会坠入无底深渊。踏上孤岛便有一种插翅也难飞的沉重感。

南大西洋中的圣赫勒拿岛，就是一座孤单的小岛，但是由于它曾经与一位声名显赫的历史人物联系在一起，因而陡然增添了传奇色彩，变成了世界著名的海岛，像这样的海岛，还能算孤岛吗？从这个意义上说，它是不孤的孤岛。

圣赫勒拿岛位于南纬 15°58′，西经 5°45′，面积约 120 平方千米。距西非最近的海岸约有 1900 千米。它是一座火山岛，火山活动已停止。岛上有高山峡谷、泉水河流，由于受南大西洋季风的影响，岛上的气候比较温和，降水量沿海与中部不同，沿海一带为 200 毫米，中部有 760 毫米。

1513 年左右，就有人发现了该岛。从 1645 年开始，葡萄牙人、荷兰人先后占领过该岛。1659 年，英国东印度公司又将小岛占为己有，之后近 200 年的时间里，岛上运入了大批奴隶，直到 1836 年，备

受艰辛的奴隶们才脱离苦役、获得自由。

1815 年，圣赫勒拿岛上多了一名囚徒，他面色阴郁、步履沉重。岛民们四下里说：他可不是一般的苦役犯啊！那么他究竟是谁呢？今天几乎所有的人都知道，他就是名震四海、威风八面的法国皇帝——拿破仑一世。

拿破仑一踏上圣赫勒拿岛，心里的悲凉顿时与岛上的荒凉交织在一起，虽说圣赫勒拿岛不像传说的那样，完全是岩石裸露的不毛之地，但它那与世隔绝的蛮荒，很大程度上增添了昔日皇帝的凄凉之感。此时，所有的辉煌和显赫都成了过眼烟云。法国大革命的旗帜虽然不时浮现在脑际，耳边时而响起他麾下四五十万大军的厮杀声、号角声、马蹄声，但是，最不能令他忘怀的仍是兵败滑铁卢的血色黄昏，那尸横遍野、血流成河的场面，变成了抹不去的恶梦，它们都将在圣赫勒拿岛上伴随着拿破仑的日日夜夜。

这对于一位在24岁就当上准将的军人来说，该是多么难以想象的惩罚。这时的拿破仑刚46岁，他野心勃勃，正不可一世地傲视世界，他的足迹刚刚扫遍整个欧洲，他犀利的目光越过西伯利亚望得更远。然而，一切如梦一样倒了个儿。圣赫勒拿岛突然变成了他人生的最后驿站。

1822年5月5日，拿破仑死于圣赫勒拿岛。当时岛上的总督下令仍以将军的礼仪埋葬他，但英国政府禁止在墓碑上用拿破仑的名字，只许用“N·波拿巴”。因此拿破仑的母亲断然决定墓碑上不写任何字，任它成为一座无名墓。

也许当时的决定有复杂的理由，不过一部历史决不会永远就此封闭、淹没在圣赫勒拿岛，它总是会出奇不意地再现在人们面前，任人指指点点，说长道短。

这些都不重要了，对于圣赫勒拿岛、对于拿破仑。后人对圣赫勒拿岛的关注，多了一些理智、多了一些反思。

书和岛

书和岛有什么关系？书是作家的产物，岛是自然的产物，两者没有必然的联系。可是有的时候，一部书能改变一座岛的命运，它可以让一座无名岛变成人人皆知的名岛。

法国作家大仲马的《基督山伯爵》与伊夫岛，英国作家笛福的《鲁滨逊飘流记》与智利荒岛，都是书和岛的绝妙结合。这种结合的结果是岛因书而名声大震。真实与虚拟之中，原本平淡的小岛获得一次重生，作家的生花之笔赋予了它们新的生命。

伊夫岛距离法国马赛港著名的蓝色海岸不远，乘坐游艇往西南方向行驶十几分钟，就可以看到小岛上兀然独立于一方的古城堡，它的四周全是笔直、陡峭的石壁，刀切斧劈般直插海中，高耸的塔楼警惕地俯视着风疾浪涌的海面。一个简陋的码头是小岛与外界的唯一通道，人们借它踏上通往城堡的石级。约30米长的石级，直达城堡之上，站在城堡大门口再往四下张望，这才真正知道什么叫做“一夫当关，万夫莫开”。

据说当初建造伊夫堡是出于军事防卫，它如同保卫马赛港的哨兵，日夜守卫着身后的国王和臣民。伊夫堡建于1519年，距今已有近500年历史。随着战舰和大炮的发展、改进，作为要塞，伊夫堡的作用就不太大了，到1634年，才被改用成国家监狱。

大仲马笔下的主人公爱德蒙·邓蒂斯遭人陷害后被人押往伊夫岛。那一刻，天色灰暗，乌云低垂，海面上卷起高高的浪头，小船不堪颠簸而四下乱晃。这时，伊夫堡出现了，它阴沉沉地矗立于汹涌的惊涛骇浪中，如一尊黑着脸的恶魔，直逼着邓蒂斯扑过来。

邓蒂斯满怀惊恐，战战兢兢地被人领过吊桥，顾不上留意城堡中央的小天井，就被投入一方带着铁栅栏的黑牢里。如果不是难友法利亚长老搭救，邓蒂斯就是插翅也逃不出伊夫堡的。

至今，牢房仍在。在一处阴冷、潮湿、黑暗的牢房前，人们可以看到一块写着“基督山伯爵之牢”的铜牌。书中的主角邓蒂斯被囚禁了14年之后，顶替法利亚长老，装死被塞进了尸体袋，卫兵们抬着他，走过窄窄的甬道，一直来到古堡的西南角，“咚——”的一声闷响，邓蒂斯从陡峭的悬崖上被扔进滔滔的大海。据说，所有的囚犯都是这样被扔进天然坟墓的。

邓蒂斯再次出现在世人面前时，已是改头换面的基督山伯爵。

如今，伊夫岛是国家重点保护文物。每天来参观的人络绎不绝。基督山伯爵的影子无处不在，纪念品上、印刷精美的明信片上、T恤上都是基督山伯爵。它为法国寻找到了新的财宝石窟，旅游收入源源不断地流入政府的金库。

不知道大仲马当时在创作《基督山伯爵》时，想到过这一点没有。

无独有偶，一本《鲁滨逊飘流记》，让智利政府受益匪浅。

1704 年，苏格兰水手亚历山大·塞尔基克在航行中同船长发生争执，于是被丢弃在一座荒岛之上。这座荒岛距智利西海岸约 670 千米，岛上罕无人迹，除了原始森林就是飞禽走兽。塞尔基克靠捕食野山羊活了下来。4 年时间过去了，一艘路过荒岛的船发现了岛上的塞尔基克，这才将他救了出来。

英国作家丹尼尔·笛福根据塞尔基克的遭遇，创作了《鲁滨逊飘流记》。这本书以生动细腻的笔触，描述了极富挑战性的冒险精神，其中有许多扣人心弦的情节，令人读后难以释怀。一时间，鲁滨逊的大名几乎人人皆知。

如今，荒岛早就不荒了，岛上不仅有了居民，还有许多慕名而来的旅游者。为了满足旅游者们好奇的愿望，智利政府在岛上修建了机场、饭店，开发了一系列的服务性项目。人们可以亲身体验原始的鲁滨逊生活。这样一来，既能彻底放松都市生活带来的压力，又能体验荒岛生活的浪漫和惊险。

这一切，对于智利政府来说肯定是件大好事，官员们努力想出新点子，进一步开发和利用鲁滨逊的大名，鲁滨逊与鲁滨逊岛再也分不开了。昔日的荒岛同样是没有料到有如此盛名的一天。

多亏了伟大的作家，是他们给了小岛第二次生命。

麦哲伦和马克坦岛

菲律宾群岛共有大大小小 7000 多座岛屿，在浩瀚的大海里，它们如同一把璀璨的绿宝石，装点着蔚蓝色的海面。在这众多的岛屿中，有一座小岛非常出名，它就是马克坦岛。

据说马克坦（Mactan）是麦哲伦（Magellan）的读音之误。马克坦岛即麦哲伦岛。大名鼎鼎的航海家费尔南多·麦哲伦与这座小岛有着永远分不开的生死之缘。

马克坦岛位于菲律宾群岛的中部，有路桥与菲律宾的第二大城市宿务相连。岛上的海滩叫麦哲伦海滩，至今仍立有一座特殊的纪念碑，以供后人反思和凭吊。

马克坦岛是历史的见证，它记录了发生在400多年前的一段历史。

公元1521年4月的一天，这里曾发生了一场血战。麦哲伦，这位伟大的航海家，率船队首次环球航行因与菲律宾人的祖先发生冲突，最后死于麦哲伦海滩，幸好他的部下继续他未竟的事业，人类才早一天知道了地球是圆的，也就是从那时侯开始，有了地球这个词。

人们不禁要问，麦哲伦是什么人？既然扬帆远航的目的是认识自然，为什么动刀动枪与别人交战呢？

要回答这个问题，必须再重新回到那个并不久远的时代。

麦哲伦是葡萄牙人，他出生于1480年，自幼醉心于航海和探险。当迪亚士、达·伽马等探险家不断开辟新航道，地理大发现取得了系列性的进展时，他就立下壮志，一定要做一个优秀的、坚韧不拔的航海家，到大海上去探险。他大量地收集和阅读有关资料，从航海家们的足迹中寻求灵感，渐渐地，一种设想令他自己激动不已：人类赖以生存的大地是圆的；海洋一定有自然的通道，可以将新大陆与“大南海”联结起来。于是麦哲伦下定决心，要亲自证实他这一猜想。

1517年，麦哲伦到了西班牙。他利用机会不断地向西班牙国王陈述自己的思想，并且说航海发现能为西班牙带来诸如土地、黄金、财宝等好处。这些想法与国王的想法一拍即合。

1519年9月的一天，麦哲伦的梦想终于变成了现实。西班牙国王给了他5艘帆船和234名船员，组成了一支船队，开始了漫长的环球远航。

一路上，充满了艰辛和险阻。1520年10月21日，船队在南纬52°西经68°附近发现一处海峡口，他们顶着湍急的恶浪，整整航行了28天，才来到浩瀚的南太平洋。这个海峡就是著名的麦哲伦海峡。

1521年3月，疲惫不堪的船队发现了菲律宾群岛。这里物产丰富、土地肥沃。麦哲伦内心一阵大喜，他要征服这片群岛，把它们变成西班牙国王的土地。

谁知道事与愿违，当地土著部落的酋长西拉布拉布，拒不接受麦哲伦的无理要求，既不向西班牙入侵者纳贡，也不做西班牙的附属。

麦哲伦一看，既然文的不行，就来武的，他仗着自己有先进的火绳枪和弓箭，以为征服土著人并不困难。

面对强敌，西拉布拉布就是不屈服。他们用包着铁尖的竹矛，火里烤过的尖桩，浸过毒汁的毒箭，顽强地抵抗入侵者。

这是一场轰轰烈烈的血战。海滩上尸体横陈，血流入海。麦哲伦死于乱刀、利斧、长矛之下。

如今，麦哲伦海滩耸立的纪念碑，正面和反面各刻了一段文字。

它的正面，记述了西拉布拉布抗击殖民者的伟大民族精神，追认了菲律宾人的祖先不畏强暴可歌可泣的光荣历史。

它的反面，记录了伟大的航海家麦哲伦首次环球航行，为人类进步做出的贡献。

它就是马克坦岛上著名的双面碑。

人类文明的“画轴”

克里特岛的米纳斯文化

克里特岛是希腊、也是爱琴海最大的岛屿。它东西长约 240 千米，南北宽 12～56 千米，总面积约 8200 平方千米。在东地中海，它是仅次于塞浦路斯的第二大岛。

克里特岛的地理位置十分优越，它地处欧、亚、非三大洲海上要冲，海陆间交通往来频繁。其得天独厚的地理位置，既奠定了灿烂的

古文明发展的基础，又构建了其重要的战略地位。

人们一致认为，克里特岛是爱琴海文明的发祥地，诞生在古希腊文明之前，是世界上最古老的文明诞生的地方。可是，千百年来，由于火山爆发，岛上的古建筑等古文明遗迹已被深埋于地下，因此，在相当长的时间里，关于克里特岛的文明史，一直显得扑朔迷离，成为考古学家感兴趣的历史之谜。直到本世纪初，人们相继在岛上发掘出一批批珍贵的历史文物，这才慢慢揭开笼罩了千年的迷雾，认清了它们的真面目。

据考证，公元前3000年～前2600年，克里特岛上就有了村落，公元前2600年～前2000年，进入“早期米纳斯时代”，公元前2000年是“中期米纳斯时代”。这一时期，在克诺索斯、费斯托斯和马利亚等处开始建造宏伟的宫殿。

最能代表米纳斯文化的克诺索斯王宫遗址在岛的北部，据说当时以克诺索斯城为中心，发展经济、开展贸易、从事政治，从这里出土的石雕、金器、珠宝、陶器表明米纳斯文化曾达到全盛时期。

克里特岛是一个多山的岛屿，克诺索斯王宫（也叫米纳斯王宫）就坐落在凯夫山麓。它依山而建，外观有三层。在建筑物的中央，有一长方形的庭院，面积约有1400平方米，气势宏伟。围绕庭院，分布着国王的宫殿、王后的寝宫，以及休憩游乐的亭台楼阁。假如仅仅如此，也就没有什么特别之处。令人惊讶的是，这座精美的宫殿是座结构复杂的迷宫。所有的辅助建筑都相互环抱，如双斧宫、储宝库、仓储库等建筑物既自成一体又密不可分。长廊、门厅、复道、暗梯将它们相互连接，因此，整个宫殿有千门万户，曲折隐匿，巧妙通达，充分显示出设计者的聪明智慧和高超的建筑艺术水平。

据说米纳斯国王残暴成性，建造王宫时预先考虑到遭人暗算的危险性，于是命艺术家代达罗斯为他设计了迷宫式的王宫，不知深浅的人一旦进去就出不来。代达罗斯在这座王宫建造好之后，居然把自己也绕糊涂了，陷入迷宫而出不去。这些是杜撰还是传说且不去议论，仅从这些有趣的传闻中，便可略知当年的米诺索斯王宫是何等的辉煌、奇特。

迷宫的各个宫室和走廊都保留着一幅幅栩栩如生的壁画。今天的艺术家们仍对壁画深感兴趣，因为时隔几千年，彩绘的颜色仍然鲜艳。经分析研究，所有的颜料都来自植物或矿物。这些天然颜料在经过特殊制作处理后，历经几千年，至今仍保持本来色泽不褪，这不能不令人惊叹当时的工艺水平之高超。

大量的壁画所描绘的都是当时的生活场景，如宫廷生活写照，斗牛场面纪实。由于所采用的都是写实主义手法，人们从中可以了解到当时的服饰、装束、社会背景、生活习惯以及动植物状况等细节。这给今天的人们提供了宝贵而真实的历史资料。

至今，人们仍能从古希腊神话故事中，看到关于克诺索斯王国的种种传说。可见米纳斯文化与希腊“迈锡尼文化”的关系。

近几百年来，战争风云不断涌起，有着悠久文化历史的克里特岛，因其特殊的地理位置而未能免于劫难。第二次世界大战期间，纳粹德国派空降兵部队占领了这座具有战略意义的海岛，战火立刻在岛上燃烧。直到 1945 年 5 月，纳粹德国投降，克里特岛才回归希腊。

巴林群岛的史前冢林

巴林是波斯湾西部的一个美丽的群岛国家，它由 30 多个小岛组成，如一把闪光的珍珠，镶嵌在波斯湾碧绿的海面上。巴林很小，总面积约 600 多平方千米。首都麦纳麦是一座古老的城市，它坐落在主岛——巴林岛的东北部。

麦纳麦城是巴林的主要城市、港口和行政中心。关于“麦纳麦”，还有一段有趣的传说。在阿拉拍语中，“麦纳麦”有“寝宫”的意思。据说古代有位国王睡觉择床，不管外出多远，必定要回到“寝宫”睡觉，否则就睡不着。国王的癖好竟让“麦纳麦”变成了一座城市，而且这座城市发展到今天，变成巴林的首都。

巴林岛地处沙特阿拉伯海岸和卡塔尔半岛之间，地理位置优越，自古就是附近岛屿、国家海上贸易集散地。据考古学家考证，早在公元前 2500 年，麦纳麦就是巴林群岛最大的商业城市。古代两河流域的苏末国和马马岸（今阿曼苏丹国）的商人，都曾在这里进行青铜器、椰枣等货物的交易。港岸货物成堆，商船来往穿梭、行人摩肩接踵，好一派兴旺景象。

巴林岛有一处僻静之地能更好地证明这一切。这僻静之地就是闻名遐迩的巴林坟林墓场。它占地 30 多平方千米，绵延数千米，共有坟墓 17 万多座。其数量和规模，均属世界之最，令人叹为观止。

面对这一片参差不齐、庄严肃穆的墓碑坟冢，考古学家们都大吃一惊，它们到底掩埋了多少鲜为人知的历史？追根寻源，该从那一座开始？

考古学家们开始了有选择性的发掘。通过研究 70 座已发掘的墓茔，学者们肯定地说，这里是世界上最大的史前冢林，历史年代可上溯至公元前 3000 年。

大量的出土文物充分证明了巴林岛史前盛世。那些精美的青铜器、陶罐、釉瓶、金属兵器等陪葬品，反映了各个历史时期的文化特征；它们不仅记录了巴林的悠久历史，还记录了周边国家、民族的历史。值得一提的是，在巴林博物馆展出的文物中，有来自中国的灯碗、手推小磨、马灯和中国古钱。这说明在不同的历史时期，古老的中国与巴林已有了频繁的往来。

这一切，对研究世界文明发展史，对研究阿拉伯文化以及各国文化交流，都有着极深远的意义。

今天的巴林已从远古中走了出来，与世界许多海岛一样，历经沧桑。从 16 世纪到 18 世纪，它先后被葡萄牙人、波斯人占领，1820 年英国殖民者入侵，1892 年被迫接受英国的“保护”，直到 1971 年 8 月 14 日才宣告独立。

在很长一段时间里，巴林以采珍珠为主要产业，因盛产珍珠而吸引了许多外国商人，以致商埠林立、商贾云集。但是繁荣的背后，却是巴林穷苦的采珠人悲惨的命运，原始的潜海采珠断送了许多采珠人的性命。每到采珠季节开始之日，海上海岸一片唏嘘，一个采珠人牵动着全家老小的心。稍不留心，那采珠人就很可能永远葬身于海底。

1934 年，巴林开始开采石油。很快，开采和精炼石油业取代了采珠业。许多采珠人变成了石油工人，石油收入占国民经济收入的 70%。从此，巴林一跃变成了石油富国，成了阿拉伯地区的金融中心。

今天，在麦纳麦街头，到处都可以看到身穿时装的巴林少女，她们已告别了黑袍、面纱，跨入了现代社会的行列。

巴林海上大桥更可以说明这个岛国的经济实力。近几十年，巴林的经济地位不断提高，浩瀚的波斯湾有碍发展。于是巴林大桥应运而生。它全长 25 千米，充分利用岛屿和浅海，由 5 座桥梁连接而成。建造的方法也很特别，其中有 10 千米是填海造成的，它以巴林西北部的贾斯拉村为起点，经乌姆纳桑岛，延伸到沙特阿拉伯。大桥气势雄伟，极其壮观。全部工程总共耗资 10 亿美元。

吕宋岛上的伊富高梯田

吕宋岛在菲律宾 7000 多座岛屿中面积最大，首都马尼拉和重要城市奎松均在岛的南部，全国近$\frac{1}{2}$的人口集中在吕宋岛，它在菲律宾的政治、经济、文化中，占有重要的位置。

吕宋岛的中北部多高山峻岭，自古以来，盛产稻米。值得一提的是伊富高省的高山梯田，它是菲律宾人民值得骄傲的宝贵财富。当地人自豪地称它为“世界古代第八大奇迹”。

梯田，并不是很陌生的事物。它是指沿着山坡开辟出来的一级一级农田，边缘有围埂，形状像阶梯。

伊富高的梯田又是怎样的呢？它与世界古代七大奇迹真的有关系吗？

到伊富高省去看一看就明白了。

这里群山起伏、河水蜿蜒，座座梯田层层叠叠于青山绿水之间，从山下的河谷一直升到山顶，仿佛是通往天际的云梯，覆盖着碧绿的地毯，连天接地，气势宏伟，给人一种人间天上的感觉。不知不觉，恍惚如临仙境，那天际之处，似乎马上会出现身着雪白薄纱的仙女，袅袅婷婷，顺着云梯款款而下……

事实上，眼前出现的并非仙境，它是真正的人间奇迹，闻名于世的伊富高高山梯田。整个梯田总面积约 400 平方千米，平均海拔为 1300 米，每块梯田有 2 米高的石墙围固，顺山就势，弯弯曲曲，层层

叠叠。这项工程看起来非人力所能为，但它的确是菲律宾人的老祖先肩扛手刨开辟建造的，总共耗时1000年之久。仅盘山灌溉的水渠总长度就有19000千米，相当于地球赤道半周。在生产力水平低下的古代，能修建出如此规模的农田水利工程，怎能不叫人为之折服呢。

科学家根据附近发掘的文物分析，伊富高高山梯田距今已有3000年历史了。最初是在靠山沟的部分开辟农田，后来逐渐修向高处，同时在坚硬的岩石上凿出灌溉渠道，利用山顶流下来的泉水，灌溉梯田。整个梯田从上到下集灌溉、排水、种植为一体，非常科学。它们显示出菲律宾人一代一代坚韧不拔的奋斗精神和聪明智慧。

非常有意思的是，这里的山顶不但有泉水，而且水量充沛。它们在山间石隙汩汩流淌，似乎从不会枯竭。这样一来，高山梯田无需四处引水，真是得天独厚。

伊富高高山梯田奇观是人与自然的和谐结合，它是人类早期充分利用自然的杰作，是保存数千年仍完好无损的艺术品。今天，站在这巨大的农田工程前，我们应得到很多启示。在生态环境日益遭到破坏，掠夺性的开发日益严重的今天，人们该怎样面对祖先审视自己的行为呢？

伊富高高山梯田是最好的表率。它在开发的同时，首先注意到了审时度势，顺其自然。引山泉灌渠，筑石墙固梯田，既充分利用自然，又巧妙保护自然。这样的修建形式，能够防止水土流失，使有限的自然资源得到充分合理的利用。

从伊富高高山梯田宏伟的壮景中，我们可以设想古代吕宋岛上曾经有过的兴旺和繁荣。

现在，伊富高高山梯田已被菲律宾政府列为旅游点，供世界人民参观。当人们沿着窄窄的石级登临山顶，俯瞰眼下那一片片映着水光的梯田时，不由自主地会发出“沧海桑田”的感慨。尽管时光荏苒，数千年已成为久远的历史，可眼下的桑田还是桑田，它并没有因时光而成沧海。这时人们也许会想到，假如人的力量与自然的力量能有机地结合，它将产生多么隽永的魅力啊。

吕宋岛与我国一水之隔，两国人民早就有着友好往来的历史。今天，面对伊富高高山梯田，我们由衷地为菲律宾人民感到骄傲。它是菲律宾悠久历史的见证，也是亚洲文明史的重要组成部分。

台湾岛的史前遗址

在我国辽阔的万里海疆中，散布着5000多个大大小小的岛屿，其中最大的一座就是台湾岛。

台湾岛面积有35000平方千米。按面积大小，台湾岛在世界海岛中位居第28位。

台湾岛与祖国大陆东南沿海一水相隔，最近处距离仅150千米，西渡台湾海峡，便是福建省。

由于北回归线刚好横穿台湾中部，加上受黑潮暖流的影响，台湾属高温多雨的亚热带、热带季风气候。常年温热多雨多风。与相同纬度的内陆地区相比，台湾，算得上盛夏无酷暑、隆冬无严寒。正因为温度适宜，雨量充沛，万物竞相生长。岛上有数不清的奇花异树，四季芬芳、终年碧绿。森林覆盖面积占全岛面积的52%，到处郁郁葱葱、生机勃勃。

台湾岛属大陆岛，岛上多崇山峻岭、奇峰怪石、溪流瀑布，景色清幽、风光秀丽。据说几百年前葡萄牙航海者通过台湾海峡时，被眼前迷人的景色倾倒了，他们惊呼“福摩萨”（Formosa，意为美丽）。一传十、十传百，台湾岛引起了西方世界的注意。每年都有世界各地的游人来到宝岛上，他们留连于阿里山松涛云海之间，泛舟于日月潭柔波光影之上，徜徉于名胜古迹之中。台湾岛上的名胜古迹多不胜数，

足能让寻古探幽的人们大饱眼福。人们往往透过这一处处生动具体的景观，可看到厚重的中华民族文化底蕴。

这一点，正是海洋中许多小岛不可能具备的。因为它们远离陆地、远离人类文明的发祥地。

台湾岛之所以与众不同，最重要的原因在于，它是我国神圣领土不可分割的一部分，五千年的悠久历史早已根植于它的沃土之中，不管是风、是雨；多少春秋、多少岁月，都无法改变它与祖国母亲的血肉亲情。

看一看现阶段在台湾岛发掘的史前文物，就可以说明这一切。

圆山原始社会遗址在台北市西北。1897 年发掘的大砥石（石磨），长 5 尺，高 2 尺，经鉴定有石器磨砺痕迹。同时出土的有一巨大贝冢，贝冢最厚处达 4 米，密集散布在直径数百米范围内。经过碳十四测定，年代幅度在公元前 2560～前 1460 年。1953 年，又发掘出陶器、石器、骨角器、玉器和少量青铜器。据考证，遗址出土的绳纹陶、磨光石器以及青铜器，都可能与大陆文化有密切的关系。1968 年，在潮音、乾元、海雷等地又发现了新、旧石器时代文化层。

在长滨文化遗址上取得的木炭标本，经年代测定，距今至少有 1.5 万年的历史。近年来，这一推论又进一步得到证实，考古学家在台南县左镇曾文溪支流菜寮溪，发现了古人类头骨化石，经测定，其年代在1万～3万年前。学者们认为，长滨文化遗址出土的石器特征，与北京周口店旧石器文化近似。是大陆旧石器文化向东南发展的一个分支。

地质学上的海陆变迁理论同样能证明这一点。在更新世，台湾海峡退海成陆，那时台湾与大陆连成一体。同时期的大陆人向东迁移，进入今天的台湾，越过山地，发展到东部。至于台湾又变成海岛，那是很久很久以后的事了。

据现存的史料，海峡两岸的往来从汉代起就有记载。大陆文化的渗透在悠悠岁月中从未间断过。如今台湾所展现出的文化氛围，无不浸润着中华民族悠久历史文化的血脉。

祖国的宝岛——台湾，如离开母亲太久的游子，独自在外漂泊，浪迹海隅，历尽沧桑。祖国母亲无时不在思念和呼唤着它，台湾何时能回到母亲的怀抱?

大海中的鸟兽乐园

从龟岛说起

海洋世界中有许多著名的龟岛，如大西洋中的阿森松岛、非洲桑给巴尔的龟岛以及位于太平洋东部、赤道附近的科隆群岛。

科隆群岛又叫加拉帕戈斯群岛，由 17 个大岛和 100 多个小岛组成，面积 7500 平方千米，东距厄瓜多尔海岸 900 多千米。在西班牙语中，加拉帕戈斯是“巨龟”的意思，“巨龟之岛”以出产象龟而闻名于世。

但是，更多的人对于加拉帕戈斯的认识，是基于一位伟大的科学家在这里的伟大发现。

这位伟人叫查理·达尔文，英国博物学家。1835 年 9 月，当他乘“贝格尔”号三桅小军舰作环球考察时，踏上了加拉帕戈斯群岛。之后，他在岛上工作了整整 5 个星期，收集了大量的动植物资料，并且在岛上找到了《物种起源》的灵感。从此，人类对于进化论的认识，揭开了划时代的一页。

为了纪念达尔文对人类做出的贡献，人们在岛上树立起他的半身铜像纪念碑。

当年，达尔文在加拉帕戈斯群岛都看见了什么呢？

毫不夸张地说，达尔文看到的是一座“活的生物进化博物馆”。岛上有象龟、海狮、海蜥蜴、嘲笑鸟等珍禽异兽；岛与岛之间的同种物种还存在着变异的现象。

达尔文看到岛上的龟至少有两三个变种。一种叫做地雀的鸟，它们同是莺属，却长有不同的嘴形，大小也不一样。这一切，令这位伟大的科学家十分激动，因为承认生物的多样性、适应性，就是对传统的物种不变观念的否定，也是对上帝创造一切的否定。

在19世纪上半叶，达尔文提出的进化论震动了英国，震动了全世界。

加拉帕戈斯群岛恐怕做梦也不曾想到，它们竟与这样显赫的荣誉紧密联系在一起。过去、现在，群岛上依然到处是奇花异草、珍禽怪兽。

象龟憨态可掬地躲在阴凉的树下休息，也许是因为肢体过于庞大吧，它总会引起游客们的围观。其前肢又粗又壮，宽达13厘米，当腹甲离地直立时，看上去犹如大象的腿。大象龟的壳长达1米左右，重达200多千克。象龟是旱龟，但也能下海去游几圈，更多的时候是呆在岸上。

嘲笑鸟是一种非常有趣的鸟，它像一个调皮的孩子，喜欢观察和模仿别人的动作。有时它也会跟猫逗着玩，故意引诱猫跟着它，但是在猫准备捕捉它的刹那，它会迅速掉头，乘机啄猫的尾巴。如此反复几次，把猫折腾得怒气冲天。

岛上还有一些体态各异的鸟，如鹈鹕、信天翁、火烈鸟，由于特殊的生存环境，它们已失去了飞行的能力，像被人剪掉了翅膀一样，只能大摇大摆地在海滨迈着方步。

另外，在岛上还能见到能上树的海豹和海狮。它们在神秘的海岛上练就了一身绝活。

除了丰富的生物种群，加拉帕戈斯群岛还是繁茂的植物园。岛上的植物种类十分复杂，从寒带羊齿类植物到热带椰子树植物，几乎应有尽有。这里面的奥秘是什么呢？

据说加拉帕戈斯群岛虽地处热带，但由于受洋流和岛上地势的影响，形成了四个不同的气候带。有的地方呈热带雨林气候特征，有的地方却常常寒冷潮湿。干旱、燥热、多雨、温润并存，使得群岛的生物世界丰富多彩、变化万千。

1979 年 7 月 28 日，联合国教科文组织正式将该岛列入“世界自然遗产”名单，受到了严格的保护。

鸟岛与环境保护

鸟与岛这两个汉字是多么相似，这似乎也证明，鸟儿和岛从混沌初开的远古时代就连在一起了，我们祖先造字的时候，鸟儿早就在荒凉的山岩上营造窝巢、生儿育女。没有比突兀在海洋上的岩石更安全的地方了，这里可以躲开许多威胁，除了辽阔的海洋，就是比海洋更

辽阔的天空。于是鸟和岛密不可分，有岛就有鸟。海岛是鸟的家园，它们从来没有分开过。

在浩瀚无垠的海洋中，究竟有多少座鸟岛呢？这是一个无法统计的数字。有的海岛是鸟儿的“旅馆”，鸟儿长途迁飞时，常在那儿歇歇脚、补充补充营养。尽管只是“旅馆”，可来时也是黑压压的一片，“住”下来更是叽叽喳喳喧闹不停；有的海岛是留鸟的家，留鸟在这里早出晚归，悠然自得；有的海岛则是候鸟的“别墅”，或冬去，或春来。去时相邀相伴，来时携儿带女。年复一年，日复一日，周而复始。

秘鲁的钦查群岛算得上世界闻名的鸟岛。它位于秘鲁西海岸，皮斯科港西北30多千米处，由南岛、北岛、中岛及6个礁石岛组成，其中北岛面积最大，为640平方千米。

岛上的岩石、山坡、峭壁、石缝，到处密密麻麻都是鸟。单是北岛，就至少栖息着 17.5 万只海鸟。它们躁动起来，犹如千军万马，整群整群地掀起腾飞，鸟声鼎沸，震耳欲聋。岛上的鸟儿不单是数量多，其种类也很多，这里有鹈鹕、瓜纳伊，甚至还有企鹅、贼鸥等。

钦查鸟岛又称鸟粪岛，岛上的鸟粪厚达 30 米，从 1870 年起便大量开采出口。在过去一个世纪中，鸟粪年开采量高达 900 万吨。富含氮、磷、钾等有机物的鸟粪，是优质的有机肥料。秘鲁因鸟粪大量出口而获利甚丰。

秘鲁的渔业也相当发达，鸟岛附近就是优良的渔场。人们发现，假如渔场因各种原因导致鱼灾时，鸟群就相对减少。这一现象告诉人类，鸟和鱼在海洋中是相依相存的关系，它们是生物界食物链中牢固的环节，任何一方中断都会带来可怕的后果。

曾经生活在毛里求斯岛的渡渡鸟就是一个极好的例子。渡渡鸟不会飞，它的翅膀退化了，省去了飞翔需要的能量，它在岛上长得又肥又壮。1507 年，葡萄牙人首次登上毛里求斯岛，看见渡渡鸟一副毫无戒心的憨态，便称它“dendo”，葡萄牙语“蠢汉”的意思。但是“dendo”依然优哉游哉，因为它们从未见过血淋淋的“杀戮”，面对快刀利斧，既不知道逃命，更不晓得防范。甚至瞪着一双无邪的眼睛看人操刀弄斧。

到 1681 年，渡渡鸟绝种了，它们至死也没有想明白，为什么“人”一来，它们就必须完蛋？这个问题，当时的人同样不明白。“dendo”不单单指毛里求斯的渡渡鸟，尽管它已无奈地接受了灭绝的命运。

“文明”的人依然带着刀枪，从这个岛到那个岛。有资料说，从 1680 年到 1967 年间，全世界有 151 种鸟灭绝，其中 90％是岛屿上的鸟。

有识之士大声疾呼：海岛上的本土生物，其种群都是唯一的，一旦灭亡，再也无法补救，这是一个不可违逆的规律。

有许多岛屿曾是花香鸟语，蓬蓬勃勃如一张生命之网。但是人类一光顾，它们便在相当短的时间里变成了荒岛、死岛，寸草不生。

今天，已经有许多人渐渐地认识到了问题的严重性。人类应该对自己的行为负责，再也不能扮演主宰和征服者的角色。保护鸟类，保护鸟类的生存环境，就是保护人类自身。

今天苏格兰的圣基尔达群岛再度引起世人瞩目。圣基尔达群岛是北大西洋最大、也是最重要的鸟类寄生地。它距苏格兰本土约 180 千米，由陡峭的岩石和大量黑色沼泽组成。1930 年 8 月 29 日，最后一批岛民撤离该群岛。1957 年，它被英国政府列为自然保护区。1986 年，联合国世界遗产委员会将岛上一个古老的第三纪火山废墟，列为世界自然遗产。

重重保护下的圣基尔达群岛如今怎样呢?

据统计，在岛上巢居或短暂歇息的鸟类，总数估计超过 100 万只!这里能看到真正的野生鸟类，如鸊鷉、海鸠、海雀、塘鹅、暴风鹱、灰雁、食火鸡、海燕、贼鸥等。

除此之外，岛上还保存了一个共有 130 个植物品种的海岛植物区，生存着约 1400 头索厄野羊以及其他野生动植物，其中不少是当今世界的稀世之珍。

由于圣基尔达群岛远离尘世，且环境恶劣，大西洋狂啸的风暴常常拒绝人、船靠岸。除了志愿者，政府严格控制旅游观光的人数，这些措施对保护圣基尔达群岛不被破坏，起到了很好的作用。这也是其他地方可以借鉴的好经验。

蛇岛的秘密

我国海岛众多，其中有不少岛因人迹罕至，一直是野生动物的

“诺亚方舟”，成为千奇百怪的动物岛。诸多动物岛又以鸟岛最多，如素有“候鸟驿站”的长山列岛，澎湖列岛的大猫屿、小猫屿鸟岛，广东南澳乌屿鸟岛。内伶仃洋有一猴岛，上面生活着一种属于珍稀动物的猕猴。不知道是什么原因，蛇岛相比之下较为少见。我国的蛇岛位于辽东半岛西南面的渤海湾中，因遍布蝮蛇而名扬四海，备受关注。

蛇岛很小，略呈狭长形，面积为0.73平方千米。岛东沿岸较为低平，海滩较宽阔，在海浪的冲击下，岩岸形成了许多海蚀洞穴和海蚀柱，形状怪异。岛西部是陡峭的山崖，最高点约215米。由于受海洋气候的影响，这里终年比较湿润，植物生长繁茂，小片小片的灌木丛与杂草混长在一起，大有险象环生之感。正是这些低矮的灌木和杂草，

给蝮蛇的生存提供了许多便利。

这里盘踞着成千上万条蝮蛇，真叫人心惊胆颤。

看，树干上紧紧盘绕着的是蛇，草地上蠕动的是蛇，岩洞里蜷伏的是蛇。石隙内、岩石上全是蛇！有的蛇盘踞在那儿一动不动，千万不要以为那是闭目养神，它是在“静候”猎物呢；有的蛇正嗖嗖地闪动，那也要留心，它正在追捕什么，千万别撞着它；有的蛇倒挂在树枝上，活像根枯枝，那更要注意，因为它使用伪装，诱骗猎物上钩呢。总之，这里是蝮蛇的王国，多加小心总是好的。

一年之中，蝮蛇必须抓紧春秋两季“进餐”，其他季节怎么办呢？只好靠机智灵敏小打小闹地捕些鼠、昆虫、路过的飞鸟。由于蛇岛很小，蝮蛇又多，可捕食的小动物很有限。有时即使机智灵敏也捕不到食物，这时它们只好采用休眠的方式减少消耗。挨过一段时日，直到“大餐”的机会到来。

目前，岛上的蝮蛇已有 1.5 万条。过去因人们捕杀，数量逐年下降。从 80 年代初开始，政府为了保护这一珍贵的自然资源不受破坏，进行封岛育蛇，这才使蛇的数量得以上升。蛇岛成了名副其实的蝮蛇王国。

说到这里，人们也许会问，蛇岛上为何只有单一的蝮蛇呢？在这样狭小的孤岛上，怎么能生存如此多的蝮蛇？

这些问题正是蛇岛的秘密。

生物学家们在对蛇岛进行考察后认为，特殊的地理环境为蝮蛇的生存创造了有利的条件。

首先，蛇岛属“大陆岛”。岛上的石英岩、砂砾岩中有许多裂缝，这些裂缝能蓄住雨水，也是蝮蛇的洞穴。蛇岛附近的老铁山是著名的“候鸟驿站”，每到春秋两季，南北迁徙的候鸟都要经过这里，有时多达 200 万只。这些鸟在老铁山及其附近岛屿上休息并补充食物。蛇岛所处的位置刚好在候鸟迁飞的路线上，这时的蛇岛便处于高度“临战状态”，潜伏着“杀机”。有时一棵树上竟盘着十几条蝮蛇，条条都警觉地等待天上飞来的美餐。

蝮蛇食性杂，自卫能力比较强，岛上凡是可以吃的东西都能对付着吃。这大概就是蛇岛成为蝮蛇一统天下的原因之一。蛇岛的生存条件对于其他种类的蛇，也许并不理想。虽说飞鸟常常会光顾小岛，但没有真功夫也难以捕捉入口，加上还有老鹰等猛禽的袭击，食性窄、自卫能力又差的蛇在小小的蛇岛上难以生存。

但是，还有一个问题颇费思索，那就是在蛇岛附近还有 4 个小岛，地理环境、气候条件与蛇岛差不多，可是这些岛上都没有蝮蛇。这又是什么原因呢？

人们还在继续关注蛇岛。作为宝贵的野生动物资源，科学工作者将对其进行更多更深入的研究。现在，蛇岛已正式向国内外游客开放，有兴趣的游人可登岛观赏这自然界的奇迹。

菲利浦岛和仙企鹅

古人说：山不在高，有仙则名；水不在深，有龙则灵。此话用在世界的海岛上，同样合适。从地质构造来说，海岛不过三大类型：大陆岛、火山岛、珊瑚岛。无数岛屿在浩渺的大海大洋中如天上的星星，多得数不清。因而，只有那些颇具特色的岛屿，才能变成“星海”中最灿烂的一颗。

是各种各样的特色，如特殊的地理位置、特殊的面积、富含特殊的物质等，造就了海岛的神奇。

澳大利亚的菲利浦岛是一座极平凡的小岛，它位于墨尔本市东南约 130 千米。穿过路巴特小镇附近的海峡大桥，著名的菲利浦岛就在眼前了。岛很小，一条公路沿着海岸前伸，海岸边是陡峭的岩礁，它

们如一尊尊黑色的巨兽，守着孤单的小岛，任汹涌的海浪一次次撞击。远处是一眼望不到边的浩渺海洋，给人一种无边无际的空寂感。

孤单、落寞的菲利浦岛由于仙企鹅的造访而变得世界闻名了。现在，菲利浦岛已被政府列为自然保护区。到澳大利亚来观光的人们都会想办法去岛上一游，以亲眼目睹仙企鹅可爱的形象，菲利浦岛因此成了世界闻名的旅游胜地。

真所谓：岛屿不在大小，有特色则闻名。

傍晚时分，等候仙企鹅登陆的人们早已占好了离海岸最近的座位。水泥砌成的“观礼台”一层层坐满了人。夜幕缓缓地拉上了，海风一阵比一阵紧，尽管寒气逼人，但看台上的人们仍一个个伸长脖子，紧紧盯着一个比一个更高的浪头。

突然，看台后面的照明灯亮了，海浪在灯光的照射下变得层次分明，能看得清白色的浪花翻滚。

“8点零5分!”

浪花中突然出现了小小的灰白点点，一个、两个、一排，仙企鹅登陆了!

它们果然像预报的那样，在8点零5分的时候准时赴约。紧接着

“先遣部队”的仙企鹅方阵出现在惊涛骇浪中，它们一批接着一批，登上了岸。抖抖身上的水珠，竟排着队，摇摇晃晃奔向沙滩后面的沙丘。

前面的早就钻进窝了，后面的还刚刚登陆，它们并没有被“观礼台”上的人群吓住，有的甚至还穿过台阶的夹道。善意的人们充满惊喜地观望着它们，让它们自由通过。因为在菲利浦岛，惟有仙企鹅才是主人，人类只是该岛的客人。

据说，岛上的仙企鹅总数有3000多只。从海浪里登陆的企鹅都能准确地找到自己的沙窝，温暖的沙窝里有它的妻和嗷嗷待哺的幼雏。

每年9月～10月间，仙企鹅便到海滩沙丘中挖穴造窝。不久，雌企鹅产蛋3枚。雄企鹅在雌企鹅孵卵期间，每日破晓出海觅食，夜间才满载而归。归家的第一件事就是将腹中的食物，一口口吐出来，喂给雌企鹅。等孵出小企鹅后，雌雄企鹅往往并肩出海，携手同归，共同把觅来的食物喂给自己的孩子。

奇怪的是，沙丘上有几千个巢穴，外形都差不多，周围又没有什么特殊标记。且夜色沉沉，而仙企鹅却绝不会走错门户。

仙企鹅四海为家，但无论走到什么地方，哪怕是千里之外，也一定要回故乡来繁衍后代。

菲利浦岛上的仙企鹅个儿很小，身长仅30厘米左右，体重约1千克。胸脯白色，头、背羽毛为黑色或灰色，颇像身着礼服的绅士。比起南极大陆的企鹅，仙企鹅属于小弟弟。但是就是这些神奇的仙企鹅，带给了人们无穷的乐趣，不尽的思考。人们记住了菲利浦岛，因为它是仙企鹅的家园。

大自然中的科学试验基地

暴风雪中的乔治王岛

1984 年 12 月 26 日凌晨 5 时，中国南极考察船队缓缓驶进了一片陌生的海域。远远望去，五六座高耸的雪峰，笼罩着白纱般的云雾，海面上，飘浮着大大小小的冰山，碧蓝碧蓝的海水翻滚着一层一层波浪。眼下虽说是南极的夏季，气温却仍在 0℃以下，风刮过来依然透着刺骨的寒气。

这是麦克斯韦尔湾——南设得兰群岛中的纳尔逊岛、乔治王岛环抱的一个深水海湾，魂牵梦萦的南极就在眼前。乔治王岛的黑色山岩抖落满身冰雪，张开双臂欢迎中国人民的英雄使者。

1984 年 12 月 30 日 15 时 16 分，54 名中国考察队员，迎着风雪登上了乔治王岛西部的菲尔德斯半岛，寂静荒凉的冰原上空，第一次升起了中国国旗。

12 月 31 日 10 时，中国第一个南极科学考察站——长城站，在乔治王岛举行了隆重的奠基典礼。它的具体位置是南纬 62°12′59″，西经 58°5′52″。

南极的天气说变就变，时而卷起暴风，时而刮来飞雪，加上乔治王岛地处降水较多一些的南设得兰群岛，夏季比其他地方多了阴雨或

雨夹雪天气，兴建长城站的困难与艰苦可想而知。中国的勇士们与暴风、严寒、飞雪、阴雨抢时间，争速度，仅用了一个半月的时间，就将长城站建成了。

1985 年 2 月 14 日，真是一个值得纪念的日子，长城站两栋立体建筑及其他配套建筑，奇迹般地在乔治王岛落成，它们采用悬空式结构，高于地面 1.2 米，其浑然一体的桔红色，如一抹温暖的阳光，驱散了南极洲夏日的严寒。从此，科学家们拉开了中华民族探索南极的序幕，为人类和平利用南极做出贡献的机会终于到来了。

南极洲终于有了中国的科学考察站，乔治王岛上多了一群来自北半球的中国人。

乔治王岛位于南设得兰群岛的西部，它是一座火山岛，在南设得兰群岛 11 个大岛和许多小岛当中，乔治王岛的面积最大，长 92.6 千米，最宽处约 40 千米，面积为 1160 平方千米，它的中部和东北部终年为冰雪覆盖，那里是著名的柯林斯冰盖。

在中国科学考察队到达乔治王岛之前，这里已有 7 个国家相继建立了科学考察站。它们是苏联的别林斯高晋站、智利的马尔什基地、巴西的费拉兹站、波兰的阿克托夫斯基站、阿根廷的尤巴尼站、乌拉圭的阿蒂加斯站及德国在阿德雷岛的夏季站（阿德雷岛与乔治王岛退潮时相连，涨潮时相望）。不久前，韩国又在岛上建起世宗王站，乔治王岛更加热闹非凡了。

每年夏天，当南极从漫长而寒冷的冬夜苏醒过来，冰冻的海面开始融化，企鹅们纷纷登岸营巢孵雏时，各国的科学考察船也纷纷从世界各地来到乔治王岛，大力神运输机在天气晴朗时也从南美洲飞往岛上的智利空军机场，将考察人员和各种物资运来。所有的科学考察站这时最为忙碌，越冬队员纷纷返国，新来的人员开始接班。南极的夏天是科学考察的黄金季节，由于时间短，科学家们都抓紧利用有限的时间开展野外考察。

为什么这个面积才 1000 多平方千米的弹丸之地竟引起这样多国家的密切关注，并不惜花费人力物力，远涉重洋，在冰天雪地里建立科学考察站呢？

这是因为，乔治王岛具备了探索南极奥秘的极其有利的条件。

柯林斯冰盖是研究冰川的理想场所。距离中国长城站不远的阿德雷岛上，聚集着密密麻麻的企鹅群，它们是生物学家最关心的海洋生物。就连长城站拥抱的小小的长城湾内，也栖息了近 200 种底栖生物，如海星、海胆、多毛类，还有 30 多种南极鱼。其他生物还有贼鸥、燕鸥、南极鸽、黑背鸥、暴风海燕、巨海燕等，它们是乔治王岛多姿多彩的“交响乐”，每个音符，每段节拍都紧扣着科学家们的心弦。

这里，既能找到古大陆变迁的依据，又能通过冰盖“查阅”古气候的档案；既是研究高空大气物理的极好场所，又是研究全球环境变化的关键地区；既是研究生物和人类适应性的天然实验室，也是国际科学合作研究的圣地……

因此，可以毫不夸张地说，暴风雪中的乔治王岛，是一座名副其实的探索南极的实验室。

不同凡响的比基尼岛

今天，与比基尼岛相比，比基尼健美女装似乎更出名些。当人们说到“比基尼”时，都知道那是一种“三点式”健美装。不过，最早的“比基尼”是以泳装形式出现的，那是1947年，在法国的里维杜拉海滩。当身着简单、前卫的泳装女郎迈着轻盈的步子，左顾右盼地踏沙踩浪时，顿时海滩上的所有服装黯然失色，人们齐刷刷地调转视线，瞪大了自己的眼珠子，以至于不敢相信自己的眼睛。

一时间，这种空前暴露的女装产生了前所未有的轰动效应。有人支持它，有人反对它，甚至在新闻界掀起了一次又一次的争论。这样的情况实属罕见。联想丰富的人戏称它为“比基尼”，随着时间的推移，这一戏称竟一直延续下来，成了它的专用名词。

是什么原因让比基尼岛“沾光”的呢？试想法国的里维杜拉海滩距太平洋马绍尔群岛中的比基尼岛决非几步之遥，两者如何能联系在一起？说来也有趣，两者之间惟一能相联系的，是它们都产生了不同凡响的轰动效应。

把时光往前推一年，也就是比基尼泳装出现的头一年，即1946年的7月，比基尼岛的上空突然一声巨响，随着奇异的闪光和翻腾的汽云，比基尼岛随同巨大的冲击波，把世界的四面八方都震动了。美国宣告，比基尼岛从这一天开始，将公开用作核试验基地。名副其实的爆炸性新闻，令世界产生了极度的不安。霎时间，其产生的轰动效应之大、之广，达到了无与伦比的程度。

比基尼岛也因此一改默默无闻的局面，变成了世界注目的著名海岛。此后的十几年时间里，它的每一点动静都牵动着世界的“神经”。

由此可见，如果不是核试验光顾比基尼岛，也许直到今天，它依然是椰风拂面、绿阴如盖，依然保持着宁静与优美。那种三点式的泳装也一定被叫做另一个什么名字。但是，毕竟一切都发生过了，其中的因果关系显而易见。

比基尼岛位于北纬11°35′，东经160°35′处。在著名的密克罗尼西亚岛群中，它属于马绍尔群岛中拉利克链环礁西端的一个珊瑚岛。由大约20个珊瑚礁组成，其中较大的要数比基尼礁、恩尤礁和纳穆环礁。岛内有一椭圆形泻湖，长约40千米，宽约24千米，水域面积约620平方千米。湖水最深处达60米。

在未被用作核试验基地之前，比基尼岛上遍布高大的椰树、面包树及槟榔树，热带海岛风光是岛上特有的格调，绿阴深深，海风阵阵；岛外是万顷波涛，岛内却有一泓湖水，虽然没有什么特别迷人的景致，却有与世隔绝的宁静与悠然。岛上的居民不多，百余人生活得十分恬静和谐。

像世界上许多海岛一样，当西方“文明”一涉足，所有的宁静与优美就被打碎了。1886年，马绍尔群岛归属西班牙，比基尼岛自然不能例外。后来在美西战争中，它们又像一块蛋糕，转卖给了德国。

1914 年，马绍尔群岛的土地上印上了日军的铁蹄印。第二次世界大战时，马绍尔群岛又被美国占领，成为美国的“太平洋岛屿托管地”之一。这样一来，马绍尔群岛变成了美国在太平洋地区的重要军事基地。

比起马绍尔群岛中的其他岛屿，比基尼岛的遭遇要悲惨得多。岛民们万万没有想到，他们祖祖辈辈生活的小岛，会被选中当做核武器试验基地。当时岛上 167 名岛民被骗出家园，到 400 海里之外的基利岛重新开垦陌生的土地，他们住进难民棚，过着流亡的生活。而身后苦心经营的比基尼岛，在一声巨响中变成了焦土。

从 1946 年至 1958 年的 10 多年时间里，美国在比基尼岛共进行了 21 次核试验。从原子弹到氢弹；从空中到水下到地面，一次又一次的核爆炸，将比基尼岛的知名度提高到无以复加的高度。但是，与此同时，比基尼岛也真正陷入了水深火热之中。到处是核爆炸造成的灼伤，到处是放射性物质的污染。水中、地面、岩缝、礁隙无一幸免。岛屿的生态环境遭到了严重的破坏，其后果无法估量。仅拿 1954 年 3 月 1 日第一次氢弹试验来说吧，那放射性尘埃形成 3400 多米高的蘑菇云，它们随后成羽状扩散到比基尼东面的洋面，当时有一些在海上捕鱼的渔船根本不知道怎么回事，更谈不上防范和躲避，渔民们完全暴露在核放射尘埃之中，多少年过后，人们才知道了他们所受到的伤害有多么严重。

到 20 世纪 50 年代末，比基尼岛已是生灵涂炭、满目疮痍。植物已全部灭绝、鸟兽更无踪影。昔日生机勃勃的绿岛，变成了一座荒凉的、布满核污染的人间地狱。

在强大的舆论压力下，美国人于 1969 年开始铲除岛上被严重污染的植被和表土，清除岛上危险的放射性钙层。人们看到，这时的岛上竟有一些低矮的灌木丛吐出了生命的新绿。这一发现令人吃惊。它们引起了科学家们的注意，在科学家的眼里，尽管它们长得并不繁茂，甚至还有些扭曲，但毕竟它们是经过摧毁生命的过程后破土而出的，这已经显示出了不平凡的意义。

科学家们又惊又喜，他们决定再度利用比基尼岛作为科学试验基地。所不同的是，它将再也不应受到伤害了，人们将在那遍体伤痕的岛屿上弥补自己的过失。

在彻底清除放射物质的污染后，人们开始普遍种植植物，精心培育和照料它们，认真观察它们的生长情况，以研究放射性物质造成的影响，并研究、探索如何有效地消除其恶果。

在人们的努力下，那曾经是海洋生物坟场的海域，又悄悄地游来了灰鲨，乌龟和螃蟹也重返家园，在岩礁浅滩筑起了新居，金枪鱼、鲭鱼等海鱼也纷纷回来生活。岛上的露兜树、棕榈树、椰树又重新站立起来，它们伸枝展叶，随风摇曳，仿佛为生命的重新开始而载歌载舞。

岛民们也回来了，他们联合起来，与美国政府打了整整 17 年官司，终于因正义而胜诉，美国政府不得不给比基尼人以巨额赔偿。其实，这样的伤害怎能用金钱来弥补?

不管怎么说，新的试验基地比老的试验基地要强百万倍。岛上再现出勃勃生机是值得人们庆贺的。大自然不屈的灵魂让比基尼岛告诉人类，任何无节制的掠夺和摧毁，最后受伤害的是人类自己。

比基尼岛从废墟中站起来，它不断地警示人类：一定要爱护人类赖以生存的自然环境；善待自然，就是善待人类自己。

火山之国的克拉卡托岛

把印度尼西亚称作“火山之国”并不过分。这个处在太平洋边缘的国家，它所拥有的活火山总数占地球上活火山的$\frac{1}{6}$。据统计，地球上共有活火山 500 余座，印度尼西亚就有活火山 77 座。

在印度尼西亚众多活火山中，最值得一提的是克拉卡托火山。克拉卡托火山以爆发强烈、破坏性巨大而名声大震，因此被载入史册。与此同时，它还引起了生物学家的密切关注，成为重现生命过程的室外实验室。

克拉卡托火山是位于巽他海峡中的一座火山岛，面积不大，约 10.5 平方千米。在 19 世纪末，几乎所有的科学家都忽略了它，认为它不过是一座早已熄灭了的死火山。

1883 年 5 月 20 日，岛上传出一阵轰隆隆的声音。响声过后，有些人发现家里的一些器皿变成了碎片。他们有些不安，但并没有引起惊慌；5 月 22 日，有人远远地看到从岛中央腾升起一道烟柱，随后，海面上飞起了一片尘埃雨。几天后，有人上了岛，惊讶地发现岛上的植物都不见了，像被什么东西覆盖了似的，而且空气很炽热。上岛的人赶快回头，不敢久留。

尽管如此，人们还没有意识到一场灭顶之灾就要到来，因为火山岛离人们居住的海滨毕竟还远，至少也有 40 千米，这段距离让人们失去了警惕。

1883 年 8 月 26 日下午 1 时，克拉卡托火山终于爆发了。积蓄百年之久的大量瓦斯、石块、岩浆一下子被甩上了天空。过后伴随着吓人的巨响，每隔几分钟就有数千吨石块、火团、岩浆喷射出来，直抵 30 千米的高空。

8 月 27 日 10 时 02 分，更大的灾难接踵而来。一阵丝丝的呼啸过后，响起了震耳欲聋的霹雳。这一巨响一直传到了菲律宾、澳大利亚以及 5000 千米远的罗德里格岛。这是人类有记录的最大一声巨响。在巨响中，克拉卡托岛像纸糊似的，一下子被拖入海底，剩下的部分只有$\frac{1}{3}$。爆炸释放出的能量，相当于 10 万颗在广岛投下的原子弹。

岩浆喷射了 19 个小时。岛的下面几乎被掏空了，火山灰源源不断跌入其中，几百万升海水变成巨大的漩涡，与几千吨炽灼的岩石碰撞，

随即发生瓦斯爆炸。巨浪排山倒海般冲向爪哇岛，最高时达 40 米以上。爪哇岛沿岸猝不及防，25 千米内外的地区惨遭劫难，人、畜、庄稼、房屋被吞噬一空。

死于这次火山爆发灾难的人有 36000 左右。血色的晚霞和灰暗的太阳，在人们的心头投下了抹不去的阴影。

克拉卡托岛的火山爆发，实际上结束了岛上的一切生命。据科学家们观察，岛上的动物，植物、种子无一幸免。当岩浆渐渐冷却、尘埃纷纷落尽之后，小岛只剩下死一般的寂静，好像亿万年前纯粹由岩石构成的地球之初。

火山爆发摧毁了克拉卡托岛的一切，却造就了一个自然的洪荒世界。这对于生物学家来说，真是一个绝妙的室外实验室，他们极其重视这个前所未有的研究机会，要看一看自然界是怎样展现生命过程的，如哪些生物会最先出现？它们是怎样出现的，怎样发展，又是怎样形成一个生命的群落的？

科学家们预期岛上出现生命的时间不会太久，因为离最近的有生物岛屿不过 40 千米远，另一个小岛虽然只隔了 19 千米，但因克拉卡托火山爆发，而被浮石覆盖。

不出所料，火山爆发后 9 个月，人们便在岛上发现了一只正在织网的蜘蛛。这只蜘蛛能否用网来捕获猎物，实在令人担心，因为这时的岛上再没有第二种生物。3 年之后，情况发生了显著的变化，岛上有了 11 种蕨类植物和 15 种开花植物，它们都是岛上原有的植物。又过了 10 年，岛上已不复存在爆炸后的痕迹，绿色的植物已遍及小岛，海岸生长着幼小的椰树、岛屿上蔓延着野生的甘蔗。兰花、木麻黄等植物都找到了适宜的沃土。火山爆发后的第 25 年，岛上有了 260 多种动物，其中大多是昆虫，也有一些鸟及少数爬行动物。如今，岛上被年轻却茂密的森林覆盖，并且有了 1200 多种动物，其中有 47 种是脊椎动物。岛上再现了一片生机勃勃的景象，与当年的荒凉相比判若两个世界。

科学家们在整个生命重现的过程中，不仅观察到植物种子怎样通过海潮、飞鸟和风的作用，来到岛上，还观察到动物怎样飞来或乘着废物碎片漂到岛上，它们各显神通，将克拉卡托岛的本来面目恢复。

尽管克拉卡托岛在有限的空间和时间里发生了非常显著的变化，但是这并不是说一切都恢复了正常。科学家们进而发现，由破坏而新生的岛屿上，存在着严重的生态失衡。曾经在岛上土生土长的动植物并没有全部出现；生物链各个环节之间的力量也没有达到均衡。岛上的老鼠曾一度疯狂地繁殖，差点儿毁掉了所有的植物。几年后，岛上的生物链又从一个极端发展到另一个极端，岛上的老鼠几近绝迹。

克拉卡托岛如此生动地再现了生命的过程，不仅展现了动植物群种之间微妙的关系，还展现了它们顽强的生存能力。它告诉了人们许多鲜为人知的岛屿生物秘密。

1929年12月29日，克拉卡托火山再次爆发。之后形成了一个新的小岛，当地人称它“阿纳克拉卡托”，意思是“克拉卡托的孩子”。这座“孩子”火山岛每年都在增高，科学家们密切关注着它的“成长”，继续投入新的观察与研究。也许它提供的又是一个新型的科学试验室。

海洋上的战略岛

地中海的心脏——马耳他

在地中海万顷碧波中，有一个总面积仅 312 平方千米的岛国叫马耳他。它由 5 个大小岛屿组成，其中马耳他岛最大，占总面积的 78%，其次是戈佐岛、科米诺岛以及无人居住的科米诺托岛和费尔弗拉岛。

马耳他被地中海湛蓝的海水环抱，如镶嵌在碧蓝海浪中的一颗珍珠，有美丽的海滩和岩岸，有温暖的气候和迷人的阳光。因此，有人赞誉它是地中海的明珠。

据考古学家考证，公元前 3800 年，马耳他岛就有人居住，它是一座有着悠久历史文化的岛屿。至今，著名的塔欣神庙仍在展现着它那无穷的魅力。塔欣神庙又叫巨神之塔，用大块珊瑚石灰石建成，地面用石块铺砌，装饰螺旋线花纹，内有一座高达 2 米的无头女神像及神坛和神龛。据考证，这是目前世界上最古老的巨石建筑，比埃及金字塔还要早。类似这样的神庙在马耳他已发现了 30 多处。

马耳他岛没有重要的自然资源，除了石灰石可用作建筑材料外，几乎再也找不到什么可利用的天然资源。土质不甚肥沃，并且干燥缺水。直观上给人一种贫瘠的感觉。

但是，在有据可考的6000年漫长岁月中，人们发现，马耳他始终与许多重大的历史事件联系在一起，有时甚至起着关键性的作用。这其中的原因首先是显赫的地理位置，它扼地中海东西南北交通要冲，战略位置十分重要；其次是拥有深水良港，足以供给最大的舰队使用。随着时间的推移，这些优越性在现代战争中显得更加明显。正因为如此，古往今来，马耳他一直是兵家必争之地。人们形象地将它比作“地中海的心脏”。

翻开马耳他的历史，几乎全部糅进了外来列强的活动，而马耳他人民数千年的生存痕迹，都是与外来的霸主交织在一起的，这种极端的反常现象，从另一个角度告诉世人，马耳他从来就不是无足轻重的。

罗马人、阿拉伯人都先后染指马耳他。至今岛上仍能找到罗马统治时的遗迹；阿拉伯文化给马耳他的影响也是极深远的，特别明显地表现在语言上。

1530年，耶路撒冷圣约翰骑士团统治了马耳他。不久，土耳其人也看中了这块宝地，并于 1565 年 5 月 18 日大举包围了马耳他。

马耳他人与骑士团并肩作战，共同击败了土耳其 200 艘战船的围攻，用血肉之躯书写了著名的“马耳他之围”历史。这段历史惊天地、泣鬼神，不仅巩固了骑士团的统治地位，还揭开了马耳他现代史新的一页。

之后的两个多世纪里，圣约翰骑士团大肆兴建军事要塞、兵器制作坊，同时兴建新的城市、宫殿和别墅。马耳他出现了新的振兴和繁荣。

随之而来的是俄、奥、英、法等国对马耳他的觊觎。地中海已失去了往日的平静，法国正值大革命时期，拿破仑一马当先，在 1798 年 6 月拿下了马耳他。

此时的拿破仑虽然意识到马耳他战略地位的重要，但他雄心勃勃，意在整个欧洲。所以，拿下马耳他之后，他的大军继续远征。留在岛上的法国人肆意强取豪夺，洗劫岛民财物、施暴于无辜岛民。1798 年 9 月的一天，不堪重负的马耳他人揭竿而起，与法国入侵者决一死战。这次暴动因得到英国舰队的支持而获胜，法国人宣布投降。对此，拿破仑深感遗憾。因为他曾说，他宁可让英国人占去一片巴黎郊区，也不愿意让他们占领马耳他。

然而，马耳他还是再易其主。英国人成了新的统治者。最初，英国人的眼光还只是盯在商业贸易上，很快，他们就意识到马耳他有着举足轻重的战略意义。马耳他再度繁荣起来，商船如梭，货物如山，买进卖出，获利丰厚。

1869 年，苏伊士运河通航，更加提高了马耳他的要冲地位。英国政府不断增加军费，改善防御系统使之现代化，并配备新武器，增加驻军，马耳他成了英国皇家海军的一个重要基地。

第二次世界大战中，马耳他受到重创。有资料统计，1942 年 2 月，有 1000 多吨炸弹倾泻在岛上；3 月，炸弹总量超过 2000 吨；4

月，炸弹总量竟多达 6700 吨……仅在 1942 年 4 月的一个月时间里，被毁的房屋就有 11450 幢。

无休止的战争给马耳他带来了不尽的灾难。在长期的战争中，马耳他人始终没有放弃抗争，1964 年，马耳他终于获得了独立，获得了新生。

夏威夷群岛及其他

在第二次世界大战期间，太平洋中的一些岛屿因其独特的地理位置而被人们重新认识，它们的名字与许多重大的历史事件联系在一起，如夏威夷群岛中的瓦胡岛、中途岛，西太平洋马里亚纳群岛中的关岛等。

瓦胡岛是夏威夷群岛 8 座岛屿中的一座，它是夏威夷群岛的主岛，州首府火奴鲁鲁（檀香山）就坐落在瓦胡岛上。这里不仅有世界闻名的瓦基基大海滩，还有世界闻名的珍珠港。

从地理位置上看，夏威夷群岛堪称“太平洋的十字路口”，它是亚洲与美洲之间海上、空中的交通要塞，具有相当重要的战略意义。

1898 年，美国吞并了夏威夷群岛。当局立刻意识到群岛具有极重要的军事战略价值，于是大兴土木，着手建造庞大的太平洋海军基地。

珍珠港被选中，成为美国太平洋海军基地理想的军港。珍珠港位于瓦胡岛南岸的河流入海处，东西两侧各伸出一个海岬，像伸开的双臂拥抱海湾，形成天然屏障，中间有一狭长水道是它的出海口。作为军港，它有出口小、容量大等优点。

但是，建港期间正值第二次世界大战打得如火如荼。日本军国主义很快注意到来自太平洋瓦胡岛的军事威胁。

1941 年 12 月 7 日凌晨，一支由 6 艘航空母舰、2 艘战列舰、3 艘

巡洋舰和数艘驱逐舰、供应船组成的日军特遣舰队偷偷驶进了夏威夷群岛海域，紧接着大批飞机腾空而起，直扑珍珠港。两个多小时的轮番轰炸，炸弹如倾盆大雨投向珍珠港。港内的美军猝不及防，当即有19艘军舰被炸沉、炸毁，庞大的太平洋舰队一下子陷入瘫痪。其中服役了26年的“亚利桑那号”战舰被炸成几段，船上1177名官兵全部罹难。

日军偷袭珍珠港大获成功，珍珠港在狂轰滥炸中几成焦土。但是，在战略上，日本犯下了致命的错误，它成了太平洋战争的导火线。美国的参战加速了日本军国主义的覆灭。

第二次世界大战结束后，珍珠港被建成第一流的海军基地，今天，它已发展成为美国太平洋舰队海、空、陆作战部队的神经中枢。

位于珍珠港西北1800多千米的中途岛，历来被看作是夏威夷群岛的西北门户。它是一个面积仅 4.7 平方千米的圆礁，西距日本横须贺 4000 多千米，东离美国旧金山 5100 余千米，地处太平洋海路之中途，因此人们称它为中途岛。在太平洋战争中，它是美国海军的航空站，也是美国在太平洋中最重要的前哨。

当时的日本军国主义者已被战争、扩张烧昏了头，在他们看来，中途岛虽小，却是必须拔掉的“眼中钉”。

1942 年 6 月 4 日拂晓，108 架轰炸机、战斗机从 4 艘航空母舰上吼叫升空，它们排成整齐的队形，凶恶地扑向中途岛。

但是，这次袭击并不像偷袭珍珠港那样顺利，美军的水上飞机和雷达很快发现敌情，岛上所有的战斗机立刻迎战，霎时间，中途岛上空弹雨飞舞、战云翻滚。一场你死我活的空中恶战厮杀得昏天黑地。

中途岛之战，美军以 1 艘航空母舰、1 艘驱逐舰和 147 架飞机的代价，击沉了 4 艘日军航空母舰、1 艘重巡洋舰，52 架日军飞机被击落，280 架飞机随舰沉入大海。当时任日军作战总指挥的山本五十六大将仰天长叹，真可谓，人算不如天算！中途岛之战是 350 年来日本海军所遭受的第一次决定性的失败，它不仅是太平洋战争的转折点，也是战争史上极其重要的一页。

中途岛因此名声大震。

美国在西太平洋还有一个重要的海军基地叫关岛。

关岛地处北纬 13°27’，东经 144°47’，是北马里亚纳群岛中最大的一个岛屿，面积约 532 平方千米，离夏威夷群岛约 5800 千米。

关岛属热带季风气候，年平均气温在 26℃～27℃，年降雨量达 2000 毫米以上。岛上树木葱茏，繁花似锦，加上海蓝沙白、纤尘不染，深得人们的喜爱。

1898 年，美（美国）西（西班牙）战争结束，关岛被割让给美国。1914 年 12 月到 1944 年 7 月，日本占领了关岛，第二次世界大战结束后，美国重新占领了它。

如许多战略要冲岛一样，关岛之所以几易其主，主要原因仍是它拥有优越的战略位置。虽说它远离美国本土，但与日本、菲律宾、新加坡都很近。第二次世界大战期间，美军飞机从关岛起飞，90分钟就到达特鲁克湖，一次击沉日本战舰80多艘。离关岛不远的塞班岛和特鲁克群岛上，至今还完整地保存着第二次世界大战的遗迹，其中有日本舰船的残骸，它们生动地记录了关岛在二战中发挥的作用。

现在，关岛仍是美国布置在西太平洋的重要军事基地。岛上有独立的海军指挥部、空军基地、海军陆战队兵营等等。这些军队都用现代化的武器装备，时刻注视着四面八方的新动向，随时应付可能发生的战争。

蘑菇云升起的地方——广岛

广岛位于日本本州岛西北部，濒临濑户内海，有优良的港口、美丽的园林。在第二次世界大战中，一颗原子弹在其上空爆炸，广岛变成了一片废墟，无数生灵化成焦土。

提起这悲惨的一页，人们自然不会忘记那并不久远的过去。

第二次世界大战中，日本军国主义者积极推行对外扩张政策，穷兵黩武，疯狂地在别国挑起战争，将战火引入一个又一个国家，给世界各国人民带来了深重的灾难。仅以南京大屠杀为例，便可说明这一切。1937 年 12 月，日军侵占南京，对无辜的中国人进行了长达 6 周的血腥屠杀。据可靠资料记载，当时被集体枪杀或活埋的人多达 19 万；零散被杀收埋的尸体多达 15 万，就是说死于日本侵略者“南京大屠杀”的中国人总数多达 34 万。日本侵略者每到一处都穷凶极恶地推行“三光政策”，烧杀抢掠、奸淫妇女，犯下了不可饶恕的滔天罪行。

日本侵略者的暴行激起了中国人民，乃至全世界人民的公愤，它们的罪行达到了世界人民同诛之、共讨之的程度。

1945 年 7 月 26 日，美、英、中三国联合发表《波茨坦宣言》，强烈要求日本无条件投降。但是，此时已杀红了眼的日本当局根本无动于衷。战火仍在蔓延，许多无辜的生命仍在遭受杀戮。

1945 年 8 月 6 日清晨，广岛市的居民仍像往常一样开始了平静的一天。这里因没有遭到战争的破坏，一切仍然井然有序，河边走着漫不经心的行人、公共电车里挤着上班上学的人、人行道上有人正拿着热气腾腾的早点。谁也没有想到，一场空前绝后的大灾难正在向他们逼近。

这时，3 架美军 B—29 重型轰炸机正朝广岛飞来，它们从太平洋马里亚纳群岛的提尼安岛基地起飞，已经飞了 6 个小时，此刻正在广岛上空盘旋，寻找投弹目标。机组中的“埃诺拉·盖尔”号飞机上载着外号“小男孩”的秘密武器，它长 3.0 米，直径 0.6 米，重 4.5 吨。是美国最新研制的原子弹，它的能量相当于 2 万吨黄色炸药（TNT）的总能量。

8 点 15 分零 5 秒，“小男孩”从 9900 米高空投向广岛市区，约 50 秒后，原子弹在约 600 米高的空中爆炸。一道雪亮的白光突然迸发出来，接着，便是“天崩地裂”的巨大爆炸，一团火球向四面八方放射着强大的光辐射，辐射热风以时速 800 千米的速度席卷地面。蘑菇状的柱云翻滚着浓烟，一直升到 7620 米的高空。

顷刻间，树木变成了焦炭、动物化成了灰烬，人身上的衣服烧成了碎片，许多人顿时失去了生命。据资料统计，原子弹导致广岛 14 万人死伤，67％的建筑物被破坏、被摧毁。原子弹冲击波破坏范围达 12 平方千米。

1945 年 8 月 9 日，第二颗原子弹在日本长崎上空爆炸，死伤达 36000 人。

第二天，美国总统杜鲁门对日发出警告，如再不投降，将有更多的原子弹投下来。

迫于美国的军事压力，日本不得不宣布投降。1945 年 8 月 15 日，日本天皇通过广播向全世界发布了投降诏书。第二次世界大战宣告结束。

从此，广岛作为战争的牺牲品深深地印在世界爱好和平的人们心中，同时也深深地刻入了历史的档案。广岛变成了世界闻名的海岛之城，也从此与人类的核战争联系在了一起。

当时，美国之所以选择广岛作为第一打击目标，主要原因是因为广岛是日本主要军需补给站、主要军区所在地和重要的军事工业基地，它相当于日军对外扩张的后勤基地。摧毁广岛，就是摧毁日军的生命线，可以迫使它尽快投降。

很显然，美国的目的是达到了，但是，像无数战争一样，受伤害最重的仍是无辜的平民。日本政府不顾千夫所指，倒行逆施、多行不义，在把苦难强加给世界人民的同时，也让本国无辜的百姓付出了沉痛的代价。

今天的广岛从废墟上重新站了起来，日本人民用自己的血肉之躯建造了一个更加繁荣、美丽的广岛。它似乎时时刻刻都在警示后人，要珍惜和平，珍惜生命，再也不要有战争了。

南大西洋的马岛争夺战

1982 年 4 月 2 日，位于南大西洋的马尔维纳斯群岛的上空腾起了战争的烈火，英国与阿根廷之间，为争夺马尔维纳斯群岛（简称马岛）等岛屿的主权，展开了一场轰动全球的战争。这场战争使并不出名的马岛一跃成为世界注目的海岛。

马岛位于南美大陆东南，距阿根廷海岸约 500 千米的南大西洋水域，面积 1.1 万多平方千米，由东西两个大岛和 100 多个小岛组成。

马岛地处寒带，但由于大西洋暖流的影响，气候较大陆寒带暖和。岛上雨水充沛，终年温差不大，一年之间有 200 多天是雨雪天气。岛上多河流、土肥草丰，有许多天然牧场。群岛周围的辽阔水域中常有鲸群出没，加上靠近南极洲，企鹅、海豹和众多海鸟都在岛上栖息、繁殖，马岛是它们理想的乐园。

马岛扼大西洋和太平洋航道要冲，又连接着南大西洋和南极洲水域，具有极重要的战略地位。岛上建有许多天然军港。两次世界大战期间，英国海军都曾踞守于此，偷袭途经附近水域的德国军舰。1914 年 12 月 8 日，德军的一支舰队在这里全军覆没，2000 余人丧命。另外，马岛还是人类进入南极科学考察的前站及物资补给站，科学家们视它为理想的科学试验基地的一部分。

马岛因其天时、地利的优越性，导致主权归属问题变得复杂而尖锐，这既有历史原因又有现实原因。

1690 年，英国人约翰·斯特朗因被飓风所逐，偶然发现了两个大岛之间的海峡，遂命名为“福克兰海峡”。后来英国人便称整个群岛为“福克兰岛”。1764 年，法国人在岛上建居民点，将岛名改为“马尔维纳斯”。1767 年，西班牙人成了马岛的新主人，直到阿根廷独立。结束西班牙殖民统治的阿根廷人继承了对马岛的主权。1833 年，英国以最早发现马岛为理由，占领了马岛。1958 年，马岛的主权问题提到了联合国议事日程，多次协调后，终因双方各执一词而未能有结果。

百年未能解决的问题，终于诉诸武力。1982 年 4 月 2 日凌晨，阿根廷舰队全速进军马岛，拉开了马岛争夺战的序幕。

阿军悄悄登陆，很快包围英国总督府，马岛上空响起了激烈的枪炮声。炮火中，阿根廷蓝白两色旗在马岛徐徐升起。

阿军首战告捷。阿根廷举国上下一片欢腾。然而，此时的英国则朝野一片哗然，内阁召开紧急会议，首相撒切尔夫人在国会慷慨陈词，整个国会一致通过对阿根廷宣战：收复马岛。

一场现代化的战争，以海、空、陆战俱全的形式在马岛爆发，整个世界都震惊了。

美国总统里根派国务卿黑格出马，奔波在伦敦与布宜诺斯艾利斯之间，然而，黑格的斡旋无效。

一支以两艘航空母舰为首，由 100 多艘舰船组成的庞大的英国远征队，浩浩荡荡地开赴地球的南端，大有与敌人血战到底的英雄气概。

此时的阿根廷也进入紧急状态。加尔铁里总统亲自会同三军参谋部研究作战方案、布署对策，陆海空三军进入戒备状态，举国上下同仇敌忾、视死如归，大批青年踊跃报名参军，为维护民族尊严、保卫领土完整而战。

1982年4月25日，英军强行登陆，双方进入血战阶段。随后，英军核动力潜艇击沉了阿军“贝尔格拉诺将军”号巡洋舰。面对强敌，阿军也不示弱，5月4日，阿空军动用了“超级军旗”式飞机，机上载有从法国进口的AM—39“飞鱼”导弹。“飞鱼”击中英方价值1亿美元的“谢菲尔德号”，10天后，这艘大型现代化军舰沉没于海底。

5月21日，双方激战转向陆地，英军登陆舰攻占福克兰海峡圣卡洛斯港海滩。随后，阿军以航空兵反击，双方又从地面打到天空。英方“响尾蛇”导弹将阿军“幻影”、“天鹰”战斗机炸碎。

这时，双方的损失都很惨重。阿方调整战略，用极高的代价击沉了英军舰“羚羊号”，并沉重地打击了英方从本土来的补给船队。英方补给船万吨集装箱船“大西洋运输者号”，虽有“考文垂”导弹驱逐舰护航，但均未能逃脱阿军“超级军旗”发射的“飞鱼”导弹的袭击。

这真是一场令人瞠目的现代化战争，马岛自诞生以来头一次见到如此繁多的武器，导弹、火箭、卫星接收通讯设备、高射炮、机枪应有尽有。

在历时74天的英阿马岛战争中，双方都极其勇猛、顽强，但因阿根廷的整体实力略逊于英军而遭失败。6月14日，马岛的全部阿军1.4万人向英军缴械投降。至此，英军重新占领了马岛。

不列颠群岛之英伦

“英伦三岛”与“英伦”

常常见到人们用“英伦三岛”或“英伦”来称呼英国。诗人徐志摩笔下“绿得化不开的英伦”，描绘的就是英国那如诗如梦的田园风光。

翻开地图，在欧洲的西北部，北海与大西洋之间，隔着英吉利海峡和多佛尔海峡，与欧洲大陆遥遥相望的一大群岛屿，便是不列颠群岛。这些群岛有大大小小的岛屿5500之众，分属于大不列颠及北爱尔兰联合王国（英国）和爱尔兰国。在这组群岛之中，大不列颠岛最大，它是世界第八大岛，面积约为23万平方千米。这一大岛构成了英国本土部分，包括北部苏格兰、中南部英格兰和西南部的威尔士。“英伦三岛”、“英伦”的称谓即源于此。它是英国历史、文化的发源地。

英国是一个有着2000多年历史的国家。它至今还保留着君主制。大不列颠岛及其他一些地方，几乎到处都可以见到保存完好的名胜古迹，它们记录了这个古老国家的早期风貌，也是沧桑巨变的极好见证。

在气候条件上，英国似乎比其他国家得天独厚。虽说大部分国土都处在北纬50°～60°范围内，但由于大西洋暖流和西风经过的缘故，冬季不冷，夏季不热。冬季北部月均温度为4℃～7℃，夏季南部月均

温度为12℃～17℃。英国气候属海洋性气候，空气中水汽含量大，过去人们用煤炭做燃料，致使工业废气与空气中水汽结合形成悬浮颗粒，造成浓雾迷漫。经过改用电、石油和天然气做燃料之后，“多雾”的情况大有好转。温暖湿润、乍晴还雨始终是英国的气候特色。人们甚至认为它影响了英国的文化。两个人碰面，常有的话题是天气；文学作品中，大雨、浓雾比比皆是。如蜚声海内外的电影《魂断蓝桥》中，男女主人翁那段动人心魄的爱情故事，便是在泰晤士河上的滑铁卢大桥上拍摄的，背景大雾迷漫，给人一种看不见前途的感觉。

英国是工业革命的故乡，雄厚的物资积累使这个国家富裕充足，崇尚文化、重视教育成为传统。世界第一流的大学，如牛津大学、剑桥大学都离泰晤士河不远，这些世界著名的大学不但学术气氛浓厚、治学之风严谨，而且还以风景秀丽、建筑风格独特著称。世界各地的莘莘学子为能在牛津、剑桥大学攻读求学而引为自豪，但能获此殊荣的人并不是很多。

说到英国，总会让人想起“威士忌”酒。如今这种酒已风靡全球，几乎没有人不知道它的大名。“威士忌”的产地在苏格兰西部沿海的艾莱岛。后来，苏格兰一直是“威士忌”的生产基地，它所产的威士忌占世界销售量的$\frac{1}{3}$，年收入15亿美元，被称为“液体黄金”。

英伦三岛现在与欧洲大陆实现了海下沟通，一条全长53千米的海底隧道穿过多佛尔海峡，从英国切里顿的肯第施，经过福克斯通，通达法国加莱附近的弗雷图恩。隧道通过离水面39米深的白垩层（最深处达100米）。

过去风急浪高的英吉利海峡凶险莫测，现在，海峡隧道令天堑变通途。它是世界上最伟大的海峡工程奇迹。

世界名城——伦敦

伦敦是英国的首都，也是不列颠群岛最大的城市。经过千百年风雨沧桑，它已跻身于世界名城的行列，成为世界十大著名城市之一。

伦敦是一座既古老又年轻的城市，美丽的泰晤士河穿城而过，将它自然分开。古老的大教堂、富丽的王宫以及建于11世纪的伦敦塔，与绮丽的泰晤士河相映生辉，它们将人带入一幅幅中世纪风光的油画之中，令人感到时空倒转、恍若梦中。

有人曾生动形象地称伦敦是“英国的心脏”。的确，伦敦不仅是英国的政治中心，也是金融贸易、文化艺术的中心，称之为“心脏”实不为过。

最能体现“心脏”特点的，还是伦敦的城中城——伦敦城。

熟知伦敦的人都知道，伦敦共分32个市区和一个“伦敦城”。“伦敦城”是最小的一个行政区，它的面积只有大约1.6平方千米，范围从伦敦塔向西北一直到圣保罗大教堂。

别看伦敦城面积不大，它可是世界最大的黄金、外汇、贸易中心，人称“金融城”。每天在这里进行交易的外汇数额达几百亿英镑，黄金交易可与苏黎世同比高低，股票交易与纽约、东京不相上下。这一切都在城中心那云集的银行、大厦内进行，据说有300多家外国银行和10多家英国大银行在这里一争高低。

象征王权的建筑在伦敦西南的威斯敏斯特区，人称“西伦敦”。这里既集中了所有大都市应有尽有的花团锦簇，又再现着王权制度的凛然威严。这两种极不调和的格调被严谨而又井然地糅合在一起。不必多说大商场和豪华旅馆，西伦敦最让人不能忘怀的仍是极富古典美的城堡、宫殿和神圣的大教堂。

威斯敏斯特大教堂巍峨高耸，拱门镂刻精美，柱廊恢宏凝重，窗玻璃色彩绚丽。所有结构无一不体现黄金分割的原理，无论怎样审视它，都能感受到强烈的、动人的美，它是英国哥特式建筑的杰作。历代英王加冕和举行婚礼都在这里进行，可见它的辉煌与庄严无与伦比。

威斯敏斯特宫现在用作议会大厦。它是世界上最大的哥特式建筑，占地33000平方米，组合整齐的宫廷大楼与高耸对称的古塔相呼应，使得这群充满华贵、尊严的建筑群浑为一体。

白厅大街在议会大厦的北面。白厅大街中间连接一条长约50米，宽十几米东西走向的街道，它规模不大，却闻名于世。象征着英国今天民主政治的核心——唐宁街就在这里。唐宁街10号自1723年以来，一直是首相官邸，它是一幢三层的楼房，黑漆大门，灰砖墙面，外表极普通平实，房屋内部十分精致考究。

与唐宁街相距不远的是英国当代王宫——白金汉宫。它以意大利风格为建筑基调，高贵典雅，极富诗情画意。从某种意义上说，它是英国的历史文化博物馆。

伦敦的绮丽风光还得益于各类风格各异的博物馆以及不胜枚举的公园，处处绿草如茵、林木苍翠。其中大英博物馆是世界最大的博物馆。许多世界知名人士都曾在这里留下过足迹。

伦敦是荡漾着古典美与现代美的城市。

格林尼治与世界标准时

格林尼治意为“绿色的村庄”。它坐落在伦敦市东南 8 千米的泰晤士河南岸，依山傍水，幽静淡雅，景色迷人。它就是有着 300 多年历史的格林尼治天文台原址，也是世界时区的起点。

过去，不光是英国，世界各地都没有统一时间。别说国际标准时，就是本国内部各地区所用的时间也比较混乱。最原始的办法是看太阳的升起高度，沙漏、水漏、燃香计时五花八门。有了钟表之后，人类计时大大地前进了一步。但时间不统一仍然有许多麻烦，特别是涉及到必须依照时间来决策、裁定的具体事情时，往往麻烦极大，以致影响仲裁结果。

随着时代的进步，时间的统一问题显得越来越重要。1884 年 10 月 1 日，国际子午线会议在华盛顿召开，会议决定，以英国格林尼治天文台艾里中心仪所在的子午线为世界经度和时区的起点。这条子午线叫本初子午线，0°经线。并规定格林尼治时间为世界时。

现在，格林尼治天文台已改成天文博物馆。它的规模基本保持原状，大门的砖墙上镶着一座大钟。它是1851年安装的，距今已有近150年的历史了。与平常时钟不同的是，这座钟指示一天24小时。在子午馆里保存着一台子午仪，仪器的基座上刻的垂线就是本初子午线。一条白色垂线两边分别写着东经和西经。表示0°经线的一条铜线嵌在大理石上，一直延伸到墙外。许多游人兴味无穷地跨在这条不寻常的铜线上走过来、迈过去，满足瞬间足跨东西两半球的好奇心。

格林尼治天文台是1948年搬到古城赫斯特蒙的。赫斯特蒙离伦敦97千米（东经0°20′25″，时间相差81秒），濒海的赫斯特蒙比较僻静，古堡外有城墙和护城河，且森林环抱、绝少干扰。新建的天文台以赫斯特蒙古堡为中心、新建了7座圆顶观测台和研究大楼，它们分散在浓郁的林木之中，显得十分幽深和神秘。天文台内设有世界最先进的计时仪器、原子钟、天文时钟、计算机和卫星激光测距仪等。在这里还能找到世界上最珍贵的天文学资料。

现在，全世界能在同一时刻倾听到的格林尼治时间，就是从这里发出去的。

群星璀璨的英伦

伦敦有一道“名人故居”景观，常让游人驻足良久。那些钉在普通屋宅墙上的白边蓝色圆形瓷牌，以简洁的文字告诉人们，这里曾经居住过某位名人。当你仔细看清楚，不由得肃然起敬了，那上面的名字多数是曾经划破长空的星辰，例如卡尔·马克思、查尔斯·狄更斯、本杰明·富兰克林……

众多名人的故居，为英国人民带来了骄傲和光荣。

其实，让英伦人民骄傲和自豪的还不止这些。在英伦三岛上，曾经闪耀过光芒的名人如璀璨群星，辉映着这个民族的过去、现在，乃至将来。在自然科学、文学艺术领域，都曾出现过许多划时代的伟大人物。

1642年的圣诞节，在英格兰格兰瑟姆的一幢极普通的农舍里，牛顿诞生了。至今，故乡沃尔索普农庄室内的墙上，仍钉着罗马教皇的诗句：

自然和自然的法则
在黑暗中隐藏。
上帝说："让牛顿出世。"
于是把一切照亮。

院子里的苹果树看起来已有不少的岁月，枝干歪斜，半伏半卧，伸长的枝桠竟长出了簇簇绿叶。著名的"万有引力"的奇想，据说与这株老苹果树有着奇妙的联系。而"万有引力"的原理将自然、宇宙之门打开，从粒子到宏观、从光谱到宇宙，人类对自然的再认识，几乎步步都受益于牛顿的智慧。

创立进化论学说而轰动整个世界的达尔文，于1809年2月12日出生在英格兰东部施鲁斯伯里的一个医生家庭。童年时，家乡的大树小草、飞虫鸟兽，曾经激发了他无穷的幻想，思想的火花在与大自然碰撞中悄悄点燃。达尔文日后走向世界，他写了《物种起源》等伟大著作，照亮了人类认识世界、认识自然的道路。

牛顿与达尔文，他们都曾在剑桥大学学习或执教过。

工业革命给自然科学提供了充满活力的空间。这一时期英伦的星空分外明亮，略举一二，便一目了然。

詹姆士·瓦特，他让人想到蒸汽机。今天常用的功率单位"千瓦"、"瓦"，就是纪念他的最好的文字；爱德华·琴纳，他是让人类摆脱天花恶魔的天使；约翰·道尔顿，"近代化学之父"，他的原子论，揭示了物质内部的秘密；迈克尔·法拉第，物理学家和化学家，他有太多的贡献，特别是用磁产生了稳定的电流，使人类由蒸汽时代跨进了电气时代；亚历山大·格雷厄姆·贝尔，电话的发明人，电学和声学中的“贝尔”（bel）、“分贝”作为计量单位，也记录了他对人类做出的贡献……

自然科学与社会科学有着千丝万缕的联系，当自然科学的成果在英伦三岛成燎原之势时，人们不会忘记哲人之思是星星之火。

弗兰西斯·培根，他是哲学家。马克思说他是“英国唯物主义和整个现代实验科学的真正始祖”。培根著书立说，主张打破偶像、铲除各种幻想和偏见，强调发展自然科学的重要，提出“知识就是力量”这一永恒的真理。在教育上，他强调学校应传授百科全书式的知识。

哲人、诗人和文学家，他们在这个岛上熠熠生辉：莎士比亚、拜伦、雪莱、狄更斯、夏·勃朗特、斯蒂文生——他们的戏剧、诗、小说在欧洲、乃至世界产生了深远的影响。

一连串的伟大名字仅仅是一部分代表性的人物，根植于英伦三岛肥沃田野的科学家、艺术家、文学家何止这些？

由于物质与精神的有机结合，今天，人们才有幸昂视那光彩照人的璀璨群星。

世界著名的火山岛

冰与火同在的冰岛

在大西洋北端，有一个岛国叫冰岛。它是欧洲的第二大岛，面积约 10.3 万平方千米，由于地处高纬度地区，全国有$\frac{1}{5}$以上的地区终年积雪。

冰岛的首都雷克雅未克是世界最北的京都，坐落在岛西南部的法赫萨湾，雷克雅未克意思是“冒烟的海湾”。其实，这是误会造成的。岛上别说冒烟的烟囱，就连老百姓取暖、做饭也不用煤。城市非常干净，甚至没有其他大都市常见的空气污染。

原来，看似腾腾的烟雾实际上是迷蒙的蒸汽，它们来自岛上的温泉和热喷泉。冰岛并不冷冰冰，它有众多的火山和丰富的地热。

冰岛是一个火山之岛。在这个面积并不大的岛上，分布着大小火山 300 多座，其中活火山 30 多座。它是世界上火山活动最活跃的地区之一。

冰岛接近北极圈，是一个多冰川的国家，横亘的大冰原把国土分为南北两部分，岛东南最大的瓦特纳冰原面积 8000 多平方千米，厚约 1000 多米，是欧洲著名的冰川。

冰川和火山在这个岛上奇妙地结合起来，构成了非常特殊的自然

景观。既有冰峰雪谷、突溅的飞瀑，又有熔岩火柱、汩汩流淌的温泉，观之令人瞠目。

岛上的冰川分布奇特，最高的冰川位于海拔 2000 多米的高山，最低的冰川与海平面几乎平行。由于与火山为伍，此处冰川的移动也与地球上其他地方的冰川不同。正因为如此，冰川学家对这里的冰川产生了极大的兴趣。

岛上的火山平均 5 年就来一次较大规模的爆发。1947 年，著名的海拉克火山爆发，整整折腾了 3 个月。巨大的烟柱夹着岩石、火焰直冲 3 万米的高空，熔岩覆盖了 65 平方千米的土地。火山灰竟越过大西洋，飘落到北欧地区。

奇特的地质构造造就了数不清的温泉、间歇泉。冰岛最大的间歇泉曾将水柱喷到 70 多米高的空中，腾升的水柱和沸腾的蒸汽呼啸而起，十分壮观。它的名字盖锡尔已名震世界。

也许有人问，冰岛人在这样错综复杂的环境中能生活得好吗?

别担心，勇敢无畏、聪明勤劳的冰岛人自有办法，他们充分利用这看似可怕的自然环境，将那些对人类造成灾害的自然因素变成宝贵的资源。

例如，冰川与火山相撞之后形成的飞瀑，可以利用它来发电；火山爆发时产生的能源，更是诱人的大自然馈赠。由于瞬间迸发出的能量巨大，为便于将其收集，科学家们在火山口附近钻下一口口井，掌握好它们的深度及它们之间的距离。这样，既能让火山把能量慢慢释放出来，又可以避免火山突然爆发。可谓一举两得。

最直接的资源利用是温泉。冰岛的温泉有相当一部分是沸水泉。从 1930 年起，雷克雅未克开始兴建地热工程，此后不断扩建。现在，网状的地热管道已长达 600 千米，人们足不出户，就可以分取到滚烫的开水和日用的热水，更不用说暖气了。这种奢侈的生活享受，是其他地方想都没法儿想的。

地热管道还铺到了蔬菜基地的暖畦和花圃、种植园的暖房，因此，冰岛人虽生活在高纬度地区，却能吃到四时鲜果、新鲜蔬菜，芬芳的花木给惬意的生活增添了无穷的乐趣。

现在，冰岛人均收入已排在富裕国家的行列。重视知识是该岛国的优良传统，因为是知识让他们正视冰与火的考验。据资料统计，冰岛书刊出版量按人均计算居世界第一位。这是其重视知识的最好证明。

骑在火山与地震之上的岛国

日本是位于太平洋西侧、亚洲东部的一个岛国。它由北海道、本州、四国、九洲四个大岛和周围3000多个岛屿组成。南北相距2400千米左右，总面积约37.7万平方千米。人们常说日本有四多：多火山、多地震、多温泉、多樱花。

日本的“四多”真是高度概括了这个岛国的诸多特点。

由于地处亚欧板块和太平洋板块的交界处，日本列岛刚好处在太平洋西岸的火山地震带上。全岛现有大大小小的火山200多座，其中活火山、休眠火山、海底火山约80座。从南到北分布着6个火山地带，可以毫不夸张地说，火山遍布日本。

富士山是日本的象征，皑皑白雪如新娘的婚纱，轻柔地覆盖着它的面庞，给人一种美丽、端庄、宁静之美感。然而这座日本人心中的“圣山”却是活火山。1707年的一次“发脾气”，将火焰、熔岩喷了个四面八方，连80千米之外的东京都蒙上了黑灰。另外，像著名的阿苏火山，它的喷火口周长达80千米、为世界最大的喷火口；位于九洲南端的樱岛火山，以爆发频繁而著称。每年爆发的次数少则十几次，多则几十次，有时甚至一天之内爆发几次。

火山爆发之后，往往给这个岛国带来奇特的温泉，但更多的是灾难。1642年和1914年的樱岛火山爆发，死亡人数仅次于1923年的关东大地震。

1923年9月1日的关东地震为里氏8.3级，人们对这次毁灭性的灾难记忆犹新，当时死亡人数为14万人（伤者不计），财产损失达300亿美元。东京毁于大火，变成了焦土瓦砾。发生在1995年1月17日的阪神大地震，为里氏7.2级，由于此次地震的震中在神户市的淡路岛，震源就在地下20千米处，致使拥有200万人口的神户，在持续20分钟的颤抖中，几乎散了架。当时死亡人数达5300人（伤者不计）。大火、楼塌将美丽的海滨城市神户变成了满目浓烟、一片瓦砾的废墟。

虽说地球上的自然灾害不可避免，但是对于生活在如此频繁的地震、火山爆发之中的人，的确是不幸的。人与自然的关系，往往没有想像中那般美好、和谐，而对许多突发性的巨大灾害，人的力量便显得非常渺小与苍白。

认识到这一点之后，人类才可以自觉地摆正在地球中的位置，从而加深对自然的重新认识。日本人民在屡遭重创之后，并没有失去勇气，他们科学地审视了现实的严峻，扬长避短，从容、顽强地面对现实。如今，日本已是世界经济强国，人均国民收入居世界前列，这不能不令人深思。

“适者生存”的自然法则，在日本这个岛国被普遍地运用，单从建筑上就可窥见一斑。在 1963 年之前，东京几无三层以上的房屋，政府有规定，为了减少地震带来的伤害，禁止盖高层建筑。到了 1963 年之后，禁令被解除了。因为他们已研究出了抗震的方法，“呼啦”一下，

高楼万丈拔地起。

东京的阳光城最能证明这一点。它从楼顶到地面总高度达248米，共60层，总面积达60万平方千米。建这样高的摩天大楼，误差仅5毫米。整个大楼采用良好抗震性能的弹性结构，3000多个宽大玻璃窗全都镶有柔软的防震材料。一系列防震措施的采用，据说可经得起3次当年关东大地震的震撼。

阳光城四周的高层建筑比比皆是，像37层的王子饭店、12层的文化馆、11层的国际进口中心等。

对于国土有限的日本，高层建筑无疑解决了拥挤的难题。他们不仅向高空，还向地下、海底求发展，如地下城、海底城、人工岛等都是这个岛国的奇迹。

拥有丰富地热资源的岛国

新西兰是位于南太平洋的岛国。公元10世纪以前，这里还是一片蛮荒之地。1642年，荷兰航海家塔斯曼发现了它，并用自己国家西兰省的名字命名它为“新西兰”。其实，在此之前当地的毛利人在岛上已生活了近600年了。

新西兰的本土由南北两块长形的岛屿组成，中间隔着库克海峡。这条南、北岛间的自然通道，好像一条湛蓝的丝带，在岛国的中部拦腰挽了个蝴蝶结。南北两岛的自然风光也从这里一分为二。

如果把北岛比作热情洋溢的青春少女，那么南岛更像坚毅冷峻的男人；北岛多火山、多地热，而南岛多冰川、多冷湖。真是风光无限、变化万千。

导致这种反差的主要原因在太平洋底。

西南太平洋的海底山脉连绵起伏。从新西兰北岛的鲁阿佩胡火山起，经罗托鲁克、陶陂湖、白岛，一直延伸到汤加群岛、西萨摩亚群岛。处在这条海底大山脉之上的北岛，自然受到来自海底十分活跃的火山活动影响。特别是地壳比较薄的部位，深部的炽热物质不断地翻涌上升，它们便成了新西兰丰富的地热资源。

从首都惠灵顿往北，沿罗托鲁瓦--陶波，到普伦提湾，是一条火山活动的狭长地带，它有240千米长，几乎集中了新西兰最壮观的地热景观。

以鲁阿佩胡火山（海拔2797米）、恩戈鲁霍火山和汤加里罗火山3座活火山为主，构成了新西兰著名的火山区。这里有大小火山15座，到处都可以看到火山地区的奇特景观。在高耸入云的火山之间，散布着星罗棋布的湖泊、温泉、间歇泉、沸泥塘等，奇景异境美不胜收。

著名的陶波湖至今还是火山活动的中心。这个曾经无数次喷发过的湖泊面积612平方千米，是新西兰第一大湖，湖面宽阔浩渺，湖中央突兀长出一孤岛，高约180米。它就是有名的湖中岛——莫图太科岛。孤岛高耸于湖中，碧波环绕、层峦叠嶂，实在是少见的湖光山色。

陶波湖不仅美如仙境，它还“温情脉脉”呢。原来湖底与近岸处有热泉不断汇入其中，导致湖水终年温暖。水暖鱼肥，是人们休闲垂钓的好处所。

在怀卡托河上游，有新西兰著名的间歇泉区。1886年，塔拉韦拉火山爆发，带动了7个大间歇泉一起喷射，伴随着闷雷般的隆隆声，沸水、蒸汽、稀泥、石块一同喷向天空。

丰富的地热资源给新西兰人带来了新的能源。在怀卡托河畔建有新西兰最大的地热电站，它也是世界上最大的地热电站之一。新西兰是世界上第一个建成湿蒸汽地热电站的国家，现在全国地热发电总装机容量居世界第三位，仅次于美国和意大利。

工业、农业、畜牧业，人民的居家生活、医疗保健等，都离不开地热。地热成了新西兰人的重要能源。

在新西兰的南岛也有一个地热区。比之北岛，更有特色的是南岛的高山、冷湖、冰川。

跨过库克海峡，南阿尔卑斯山沿着岛的西部向南绵亘。主峰库克山海拔 3764 米，位于岛的中部，是第四纪冰川活动的地区，冰蚀地貌处处可见。这一带群山巍巍、白雪皑皑，冰河沿着山体缓慢滑动，银光闪烁，冷冽雄劲。

大冰川的刨蚀导致冷湖形成。从北向南，冷湖越来越多，形成冷湖区。它们狭长曲折，有的长达 85 千米，有的只有 20 千米，但都不宽，多在 1.6～1.9 千米左右。昆斯敦市的瓦卡蒂普湖就是一面清澈平静的冷湖，毛利人称它“魔鬼的水槽”，因为湖水因湖岸曲折，流水汇入不定而导致湖面忽涨忽落而得名。

大自然给新西兰增添了无穷的魅力。

地狱之岛

历史的见证——戈雷岛

历史翻过了最黑暗的一页，那是记载着西方殖民主义者滔天罪行的一页，字里行间充满了被压迫、被凌辱民族的血与泪。位于西非的戈雷岛，就是最有力的历史见证。

戈雷岛位于塞内加尔佛得角正南，距离达喀尔港约 4 千米。戈雷岛原名“比尔岛”，意思是“深井岛”，因岛上有一眼深泉而得名。1617 年，荷兰殖民者用一把钉子的代价从佛得角国王手里骗得了小岛，遂取名为“戈雷岛”，意思是“避风良港”。其实，避风是假，进行罪恶活动才是真。

由于戈雷岛地处非洲西海岸，是非洲距美洲最近的地方。从 15 世纪中叶到 19 世纪中叶，葡萄牙、荷兰、英国和法国的殖民者都看中了这个小岛，相继侵占过它，把它作为奴隶贸易中心。从塞内加尔到安哥拉数千千米的海岸线上，殖民者进行了历时 300 多年的奴隶买卖。据统计，在戈雷岛丧生的奴隶约有 606 万人，从戈雷岛转运走的奴隶约 2000 万人。奴隶贸易使整个非洲失去了 2 亿人。

在戈雷岛上，人们至今还能看到昨天的恶梦。为了让历史的悲剧不再重演，岛上尽可能地保留了一些殖民者惨绝人寰的痕迹。

戈雷岛面积并不大，约 3.6 万平方米。岛上有棕榈树、芒果树和猴面色树，也有许多土屋地堡、战壕炮台、废弃大炮。最令人发指的是黄土垒墙的“奴隶堡”。

小岛东部濒临大西洋的“奴隶堡”，现在已开放，供游人参观，它比较有代表性。这座奴隶堡是一栋四方形的院落，正面两层楼，其余三面是连在一起的平房。平房中最小的一间只有 3 平方米，楼下的房间基本上都狭小、低矮、阴暗、潮湿。楼上就不一样了，有厅有耳房，宽敞明亮，有敞窗可观大海，有长廊可望四方。楼上是奴隶贩子住的，楼下则是关押奴隶的牢房。楼下窄廊的尽头有一小门，门外就是汹涌澎湃的大西洋。门两侧矗立着两座岗楼。

奴隶堡面积不大，但其结构、布局颇具匠心。从非洲腹地押来的奴隶，一旦进了奴隶堡，就再也别想从大门走出去，他们中的一部分被烧红的烙铁在脸上烙上烙印，戴上镣铐后，从窄廊小门直接装船运走；一部分在关押期间因不堪虐待、染疾死亡，也是从窄廊小门扔出去，与大西洋的波浪融为一体。

这所奴隶堡是戈雷岛上近百座奴隶堡之一，曾经关押过无数批奴隶，奴隶们在狭小的牢房里，只能坐立，无法躺卧，且疾病流行，苦不堪言。被关押的奴隶，没有姓名、没有故乡，只有编号。有的是全家都被猎获当奴隶，但到了奴隶堡之后，就被奴隶贩子强行拆开，分别卖到不同的国家和地方，从此骨肉分离，永不见面。

在一次大瘟疫中，全岛上万名奴隶无一幸免，全都死在戈雷岛。

许多奴隶不堪凌辱，有的在装船之际，跳海逃命，但侥幸生还的人甚少，因为岗楼上有荷枪实弹的恶魔把守。尽管明知死比生的可能性要大，但还是有不少人选择了为自由而死的逃亡。另外，被装上船的奴隶们，仍然不放弃为自由而战的机会。据说在英美的贩奴船上，曾经发生过55次奴隶反抗大暴动，奴隶们把船凿穿，与奴隶贩子同归于尽。大西洋的波涛记下了这些可歌可泣的自由之歌。

今天的戈雷岛上游人络绎不绝。其中有一部分是来自美洲的游人，他们就是当年被贩卖到美洲的奴隶后裔。为了更清楚地了解祖辈的血泪历史，他们远涉重洋，想亲眼看一看戈雷岛，捡一块石子、捧一把海水，因为那都是祖先的血泪浸润过的东西呀！

曾经是“死亡之岛”

位于大西洋、非洲中西部几内亚湾内的圣多美岛，是圣多美和普林西比国两个大岛之一。它是一座火山岛，面积约800平方千米。

圣多美岛的北海岸，有一块平坦的鹅卵石海滩，海滩上竖立着一方长3米、宽2米的大石碑。石碑上密密麻麻的字迹已经模糊不清了，看上去已有不少岁月。

尽管时光的暴风雨已将石碑上的字迹抹去，但永刻在圣多美和普林西比人民心中的仇恨是永远抹不去的。那块石碑记载了葡萄牙人第一次登上圣多美岛的过程，它像一根耻辱柱，将殖民者的罪行牢牢地钉在他们登陆的地方，以告天下。

圣多美岛素有“死亡之岛”之称。1471年从葡萄牙人第一次入侵到1522年正式沦为殖民地以及此后几个世纪，死亡的阴影一直在岛上徘徊，驱之不散。以致整个非洲大陆到葡萄牙本土，提起圣多美岛的名字，便令人产生恐怖之感。

在殖民者的皮鞭下，圣多美岛充当了两种功能。首先，是从非洲向美洲贩卖黑奴的中继站。当葡萄牙、英国、法国等奴隶贩子在非洲内陆贩到大批的奴隶之后，圣多美岛就是一块跳板，奴隶们分批关押在这里，又分批装船运走。另外，圣多美岛还是葡萄牙人的海外庄园。他们把掳掠来的大批奴隶留下一部分，送押到圣多美庄园中，强制劳作。据说，来到岛上的黑奴，没有一个能生还家乡。据不完全统计，单从佛得角运到圣多美岛的奴隶就有13万。殖民者根本不把奴隶当人，肆意虐待，动辄鞭笞，加上圣多美岛地处赤道之侧，常年气温在30℃以上，奴隶们被关押在岛上生不如死，饥饿、疾病、虐待夺去了许多人的生命。后来，圣多美岛的名字变成了“死亡”的代名词，非洲人闻圣多美岛而颤抖。

过了一段时间，圣多美岛的名字连葡萄牙人也闻之变色了。原来，葡萄牙政府为了便于管理，将本国的罪犯也流放到这里来。这些人一踏上圣多美岛，也再无回还的希望。所以，葡萄牙人也称它为“死亡之岛”。

比之非洲人，葡萄牙人更相信圣多美岛是地狱之岛。他们踏上该岛之后，一眼就仰望到高高耸立的圣多美峰，圣多美峰海拔2140米，峰顶有一黑乎乎的火山口，颇像传说中地狱的门户，当时西方盛行一种说法，说地狱之门就在南方的某一岛屿上。所以葡萄牙人就认为眼前这既高耸又漆黑的山峰之洞，就是地狱的门。

其实，真正的恶魔正是殖民者自己，他们打开了地狱之门，把千千万万无辜的黑人拖进了死亡的深渊。

时代终于走出了阴影，不得人心的殖民者一个个被赶出去了，圣多美和普林西比人民迎来了独立。“死亡之岛”属于过去，希望之光正在岛上迅速闪亮。

今天的圣多美岛美丽而宁静。它静静地依偎在大西洋碧蓝的波浪中，犹如一颗闪着幽幽绿光的明珠。满岛郁郁葱葱的椰树与红白相交小楼浑然一体，把小岛装点得婀娜多姿、仪态万千。

圣多美岛有许多可可园。可可是当地的重要出口产品。每到收获的季节，阳光普照，男人们身背箩筐，穿梭于油绿油绿的可可树间，奋力砍下酱红色的果实；妇女们坐在地头，将一个个大如甜瓜般的果子剥开，取出可可豆。整个小岛随处可见纯朴、繁忙的热带田园风光。

历经磨难的火地岛

火地岛是位于南美洲最南端的一个孤岛。1881 年，智利和阿根廷两国正式达成协议，将火地岛一分为二，分界线以西归智利，以东归阿根廷。阿根廷火地岛首府叫乌斯怀亚，是地球最南端的城市，地处南纬 54°49′，西经 68°18′。

隔着德雷克海峡，火地岛与南极大陆遥遥相望，地理位置和战略位置都十分重要。由于地处高纬度地区，终年气温偏低，冬季最低气温约为－20℃。

火地岛虽然比较寒冷，但却有一个温暖的名字，这与其皑皑雪山、飕飕寒风极不相称。给它命名的是航海家麦哲伦。

1521 年 10 月，麦哲伦船队横渡大西洋。在南纬 52°发现了一个海峡口，进入海峡后，夜色沉沉，险象环生。但见黝黑黝黑的岩岸有点点星火闪烁。麦哲伦想，有火就有人。他派人上岸探索，并把这块地方称为“火地”。

麦哲伦的估计是对的。在他之后的 300 年，1832 年，英国伟大的生物学家达尔文也来到这里进行科学考察，他用翔实的文字记叙了印第安人在这里生活的过程。

随后，殖民者蜂拥而至。他们无视在这里生活了千年之久的印第安人历史，随心所欲地屠杀印第安人。火地岛变成了埋葬印第安人的地狱。

第一批从英国移民的人，由传教士詹姆斯·布里奇斯率领，时间在 1832 年。之后，大批的英国人、美国人来了，他们怀着各种各样的目的，进入印第安人的领地。从此，原本与世隔绝的小岛失去了千年的宁静。首先，白种人把许多疾病带到了岛上，黄热病、结核病、麻疹等要命的病此起彼伏，对于毫无戒心的印第安人来说，受到传染是非常容易的，再加上又缺医少药、无任何防治措施，传染上疾病之后，会引起一连串的连锁反应，以致一传十、十传百，造成大批大批的人死亡。仅 1870 年黄热病流行，岛上的土著人就死了一半。

与此同时，殖民者推行屠杀印第安人的血腥政策。据说当时的殖民者曾明文悬赏，杀死一个火地岛土著人，可以领到一英镑赏金。在敌视心理和金钱诱惑的驱动下，岛上的印第安人很快被斩尽杀绝。19世纪初，岛上还有1万多印第安人，到最后只剩下两三户人。他们躲在荒无人烟的地方，与饥饿、寒冷、疾病在一起，名存而实亡。

把印第安人消灭之后，殖民者又将火地岛及附近的罗士道伊岛，用作流放苦役犯的地方。火地岛再度变成人间地狱。

火地岛地处高纬度地区，气候奇寒多变，周围大海茫茫，交通不便，除了潮湿的密林就是随时会卷起的暴风雪，把苦役犯打发到这里，就算他们插翅也难飞了。苦役犯到了火地岛，等于到了生命的尽头，再也无回归之日。他们在寒风和飞雪中伐木，在阴雨和泥泞中修路，在看不到尽头的苦难中挣扎，直到死亡。

沧桑百年的火地岛变成了孤鬼冤魂的坟场，血和泪记录了这部不能忘却的历史。

今天的火地岛已翻过了沉重的一页，岛上不仅有250多个畜牧场，还有纺织、电子、石油和天然气等新兴工业。乌斯怀亚成了阿根廷南部的通商港口和旅游城市，是世界各国通往南极考察的重要后勤基地，它以崭新的面貌迎接来自世界各地的客人。

在乌斯怀亚的海边，有一座青铜塑像，那是一个身披兽皮、手挽弯弓的印第安猎人。他神情忧郁、低头沉思，好像有千言万语要向这片土地诉说、向今天的人们诉说：这里曾经是印第安人生活的乐园，千万不要忘记是谁断送了这一切。

海中监狱岛

海岛，总给人一种神秘的联想，一望无际的万顷碧波上，信天翁舒展着宽大的双翼；无数海鸟在岛屿的上空盘旋，浪花撞向巉岩峭壁，溅起四散的水花，如无数细碎的水晶……

其实，现实并不总是那么完美的，且不说自古以来汪洋大海多风险、暗礁险滩数不清，单说一些人为的因素，就让许多海岛失去了原始的本色，变成了令人恐怖的地方。在特定的时期，提起它们的名字，就会让人毛骨悚然、谈之色变。

真有这么厉害吗？真的有。这里指的是那些海中监狱岛，它们的特殊功能足以产生威慑人的效果。

不知道从什么时候开始，统治者们都染上了同一种爱好，把海岛变成隔离人世的监狱。平心而论，这种爱好倒是简便高效，一旦将人犯关进孤岛监狱，便可高枕无忧了。特别是那些重要的人犯，哪怕他长着三头六臂，也奈何不得孤岛四方沧海茫茫。

法国诺曼底海岸外有一座著名的小岛叫圣米歇尔岛。小岛周长900米，涨潮时为岛，退潮时被大片的沙岸包围。一座庄严巍峨的大教堂高耸在小岛上，教堂的底基沿小岛边缘而建，坚固的城墙好似陡峭的岩壁，将整个教堂紧紧围住。面对这座既有哥特式建筑特色又有罗马建筑特色的宏伟圣地，人们很难把它和海中监狱联系起来。但是在拿破仑执政期间（1804～1814年），它被变成了国家监狱，此后历时半个世纪，直到1863年才被解禁，作为历史纪念地而对外开放。

现在，这座历经千年的古老建筑是法国重要的旅游胜地，每天都要接待很多来自世界各地的游客和朝圣者。人们在惊叹它无比恢宏和精美绝伦的同时，不由得会想起曾把它变成监狱的拿破仑。历史真会开玩笑，拿破仑最后被放逐的地方也是一座岛，比起圣米歇尔岛，它更遥远、更荒凉。那座岛叫圣赫勒拿岛，在南大西洋汹涌的波涛之中。

用作监狱的孤岛实在太多了，像南美洲北部法属圭亚那的魔鬼岛，这岛名就给人一种阴森恐怖的感觉。事实也是如此，这座面积约0.5平方千米的小岛曾让许多人望而生畏。不过，现在已是冬季游览地，岛上的旅游业很兴旺。

比较起来，南非的罗本岛显得不幸得多。罗本岛位于南非开普敦省的桌湾中，面积不足8平方千米。自从有人类涉足之后，它总是与不愉快的事情联系在一起。最初人们打算在岛上建立居民点，不知道什么原因没有成功，后来改作流放地，就成功了。从那以后，它还被用作麻风病患者收容所、精神病患者诊治所。1959年，再次成为监狱，收容脑子出毛病的犯人。

我国台湾省东部的太平洋中，也有一座监狱岛，它就是大名鼎鼎的火烧岛。

日本帝国主义侵占台湾时，把火烧岛当作囚禁反日爱国人士的天然监狱。那时的火烧岛变成了人间地狱，活像一座活坟墓，阴森恐怖，摄人心魄，一旦被抓进火烧岛监狱，生还的机会就很渺茫了。残暴成性的日本鬼子连普通的中国老百姓都不放过，还会轻易放过“反日分子”?

日本鬼子被赶出中国之后，国民党政府将火烧岛改名为绿岛。就岛名看，很像是两种极端的岛，火烧岛，给人火辣辣的灼烧感；绿岛，多少给人一点熨帖感。其实，这是表象。岛名变了，实质并没有变，它仍然被用作海中监狱。所不同的是，关押的对象变了。正因为换汤不换药，人们仍习惯称它为火烧岛。

火烧岛（绿岛）被继续当作海上监狱，用来关押刑事犯和政治犯。其中政治犯中又有许多“要犯”。从1950年到1960年，岛上的政治犯多达10万人。那是一段极不平凡的岁月，逃到台湾岛的国民党政府，为了镇压正义之声，巩固在台的地位，竭力施行高压政策。所谓“国防部绿岛感训监狱”里，不知道关押了多少以“莫须有”罪名抓来的人。有的人仅因说了几句话、写了几篇文章就屈死在火烧岛。

当时的火烧岛荒凉而阴森，政治犯被押到岛上后，要自己砍草和泥垒墙搭屋。铁丝网密密地将政治犯分成几类，彼此之间不许交谈、不许接触，如有违规，轻则跪算盘、被侮辱、被殴打；重则过电流、戴重镣。在火烧岛枪决政治犯也是常事，那通常是在凌晨5时左右，天色朦胧的时刻，枪声格外响、格外清脆。许多人受不了这样的刺激而精神崩溃。

人们都说，政治犯到了火烧岛就到了终点站，判无期徒刑的只有死亡才能出去，有期徒刑虽说10年、20年有望重见天日，但能否做到不加刑，能否熬到刑满的一天，还是不可预料。

一旦被关进火烧岛，命运就不由自己掌握了，除非出现奇迹。

1975年，蒋介石去世，火烧岛内的政治犯大喜，蒋经国上台后，给部分政治犯减了刑。13年后，蒋经国也去世了，火烧岛政治犯监狱才被撤销。

这大概可以算得上是火烧岛上出现的“奇迹”，所谓政治犯监狱到底是什么东西，相信历史自有公论，相信火烧岛能做出公正的评价，因为它是最有发言权的。

在世界上数也数不清的岛屿中，被人类用作海上监狱的海岛虽说不是很多，但它们的存在与人类历史紧密地联系在一起，每一座岛都饱含着许多惊心动魄的悲剧故事。假如有一天，这类海岛都能像圣米歇尔岛那样，被还其本来面目，那么，人类一定是大大地向前进步了。